Lothar Kusch

**Mathematische und naturwissenschaftliche
Formeln und Tabellen**

Lothar Kusch

Mathematische und naturwissenschaftliche Formeln und Tabellen

5., überarbeitete Auflage

Verlag W. Girardet, Essen

Bei der Zusammenstellung der Tabellen wurden die neuesten Ausgaben der Normenblätter berücksichtigt. Allein verbindlich sind jedoch nur die Normenblätter des Deutschen Instituts für Normung. Diese können gemäß den angegebenen DIN-Blatt-Nummern vom Beuth-Vertrieb G. m. b. H., 1000 Berlin 30, Burggrafenstr. 4, oder 5000 Köln, Friesenplatz 6, bezogen werden.

ISBN 3-7736-2470-0
Bestellnummer 2470

Druck W. Girardet, Essen · Printed in Germany · 1979

Inhalt

Physikalische und chemische Tafeln

Mechanik der Flüssigkeiten und Gase

Mechanische Wellen (Akustik)

Elektromagnetik

Optik

Astronomische und geographische Tafeln

Trigonometrie

Sphärische Trigonometrie

Analytische Geometrie

Differentialrechnung

Integralrechnung

Stichwortverzeichnis

Allgemeine Formelzeichen (DIN 1304)   1.

Zeichen	Bedeutung	Zeichen	Bedeutung
	Raum und Zeit	A_r	Relative Atommasse (früher Atomgewicht genannt)
$\alpha, \beta, \gamma \ldots$	Winkel	M_r	Relative Molekülmasse (früher Molekulargewicht genannt)
Ω, ω	Raumwinkel		
l	Länge		**Elektrizität und Magnetismus**
b	Breite		
h	Höhe	Q	Elektrizitätsmenge, Ladung
r	Radius, Halbmesser, Fahrstrahl	e	Elementarladung
d	Durchmesser	E	Elektrische Feldstärke (DIN 1324)
s	Weglänge, Kurvenlänge	φ	Elektrisches Potential
A, S	Fläche	U	Elektrische Spannung
S, q	Querschnitt, Querschnittsfläche	Ψ	Elektrischer Verschiebungsfluß
V, τ	Raum, Volumen	C	Elektrische Kapazität
t	Zeit, Dauer, Zeitspanne	ε	Dielektrizitätskonstante
v	Geschwindigkeit	ε_0	Elektrische Feldkonstante
a	Beschleunigung	ε_r	Dielektrizitätszahl
g	Fallbeschleunigung	χ	Elektrische Suszeptibilität
		I	Elektrische Stromstärke
	Periodische und verwandte Erscheinungen	Θ	Elektrische Durchflutung
		J, S	Elektrische Stromdichte
T	Periodendauer	H	Magnetische Feldstärke
τ	Zeitkonstante, Relaxationszeit	B	Magnetische Flußdichte, Induktion
f, v	Frequenz	Φ	Magnetischer Fluß (siehe DIN 1325)
n	Drehzahl	L	Induktivität
λ	Wellenlänge	μ	Permeabilität (siehe DIN 1325)
c	Fortpflanzungsgeschwindigkeit einer Welle	μ_0	Magnetische Feldkonstante
		μ_r	Permeabilitätszahl
	Mechanik	$\varkappa$	Magnetische Suszeptibilität
		S	Elektromagnetische Leistungsdichte
m	Masse (siehe DIN 1305)	R	Elektrischer Widerstand, Wirkwiderstand
ϱ	Dichte (siehe DIN 1306)	G	Elektrischer Leitwert, Wirkleitwert
p	Impuls	ϱ	Spezifischer elektrischer Widerstand
J	Trägheitsmoment	$\gamma, \sigma, \varkappa$	Elektrische Leitfähigkeit
F	Kraft	Λ	Magnetischer Leitwert
G, F_G	Gewichtskraft (siehe DIN 1305)	Z	Impedanz
M	Drehmoment	X	Blindwiderstand
p	Druck (siehe DIN 1314)	Y	Admittanz
σ	Zug- oder Druckspannung	B	Blindleitwert
τ	Schubspannung, Scherspannung	P	Leistung, Wirkleistung
ε	Dehnung	S, P_s	Scheinleistung
μ, v	Poisson-Zahl	Q, P_q	Blindleistung
E	Elastizitätsmodul		
G	Schubmodul		**Optische und verwandte elektromagnetische Strahlung** (siehe DIN 5031)
I	Flächenmoment 2. Grades		
μ	Reibungszahl (siehe DIN 50281)		
W, A	Arbeit	c_0	Lichtgeschwindigkeit
E, W	Energie	Q_e, W	Strahlungsenergie
P	Leistung	Q, Q_v	Lichtmenge
η	Wirkungsgrad	Φ_e, P	Strahlungsfluß
		Φ, Φ_v	Lichtstrom
	Wärme	I, I_e	Strahlstärke
		I, I_v	Lichtstärke
T, Θ	Kelvin-Temperatur	L, L_v	Leuchtdichte
t, ϑ	Celsius-Temperatur	E, E_e	Bestrahlungsstärke
α	Längenausdehnungskoeffizient	E, E_v	Beleuchtungsstärke
Q	Wärmemenge	H, H_e	Bestrahlung
λ	Wärmeleitfähigkeit (siehe DIN 1341)	H, H_v	Belichtung
α	Wärmeübergangskoeffizient	n	Brechzahl
a	Temperaturleitfähigkeit	f	Brennweite
C	Wärmekapazität		
c	Spezifische Wärmekapazität		**Akustik** (siehe DIN 1332)
c_p	Spezifische Wärmekapazität bei konstantem Druck	p	Schalldruck
		v	Schallschnelle (Teilchengeschwindigkeit)
c_v	Spezifische Wärmekapazität bei konstantem Volumen	c	Schallgeschwindigkeit
		P_a, P	Schalleistung
γ	Verhältnis der spezifischen Wärmekapazitäten	ω, E	Schall-Energiedichte
		R	Schalldämm-Maß
R_i	Spezifische oder individuelle Gaskonstante des Stoffes i	α	Schall-Absorptionsgrad
		T	Nachhallzeit

Mechanik*)

Basisgröße	Internationales Einheitensystem		Physikalische Einheitensysteme		Technisches System
	SI		CGS	MKS	m - kp - s
	Basiseinheit		Basiseinheit	Basiseinheit	Basiseinheit
	Name	Zeichen			
Länge	das Meter	m	cm	m	m
Masse	das Kilogramm	kg	g	kg	—
Zeit	die Sekunde	s	s	s	s
Kraft	—		—	—	kp
Elektr. Stromstärke	das Ampere	A	—	—	—
Temperatur (thermodynamische Temperatur)	das Kelvin	K	—	—	—
Lichtstärke	die Candela	cd	—	—	—
Stoffmenge	das Mol	mol	—	—	—

Definitionen der SI-Basiseinheiten

Meter
m

1 Meter ist das 1 650 763,73fache der Wellenlänge der von Atomen des Nuklids ^{86}Kr beim Übergang vom Zustand $5d_5$ zum Zustand $2p_{10}$ ausgesandten, sich im Vakuum ausbreitenden Strahlung.

Kilogramm
kg

1 Kilogramm ist die Masse des Internationalen Kilogrammprototyps.

Sekunde
s

1 Sekunde ist das 9 192 631 770fache der Periodendauer der dem Übergang zwischen den beiden Hyperfeinstrukturniveaus des Grundzustandes von Atomen des Nuklids ^{133}Cs entsprechenden Strahlung.

Ampere
A

1 Ampere ist die Stärke eines zeitlich unveränderlichen elektrischen Stromes, der, durch zwei im Vakuum parallel im Abstand 1 m voneinander angeordnete, geradlinige, unendlich lange Leiter von vernachlässigbar kleinem, kreisförmigem Querschnitt fließend, zwischen diesen Leitern je 1 m Leiterlänge elektrodynamisch die Kraft $0,2 \cdot 10^{-6}$ N hervorrufen würde.

Kelvin
K

1 Kelvin ist der 273,16te Teil der thermodynamischen Temperatur des Tripelpunktes des Wassers.

Candela
cd

1 Candela ist die Lichtstärke, mit der (1/600000) m² der Oberfläche eines Schwarzen Strahlers bei der Temperatur des beim Druck 101 325 N/m² erstarrenden Platins senkrecht zu seiner Oberfläche leuchtet.

Mol
mol

1 Mol ist die Stoffmenge eines Systems bestimmter Zusammensetzung, das aus ebenso vielen Teilchen besteht, wie Atome in (12/1000) kg des Nuklids ^{12}C enthalten sind. Bei Benutzung des Mol müssen die Teilchen spezifiziert werden. Es können Atome, Moleküle, Ionen, Elektronen usw. oder eine Gruppe solcher Teilchen genau angegebener Zusammensetzung sein.

*) In diesem Kapitel sind noch Umrechnungen für nicht mehr zu verwendende Einheiten angegeben.

Einheiten der Systeme

Begriff	Zeichen	SI-System	CGS-System	MKS-System	Technisches System
Länge	l	m	cm	m	m
Fläche	A, S	m²	cm²	m²	m²
Volumen	V	m³	cm³	m³	m³
Masse	m	kg	g	kg	$kp\ m^{-1}\ s^2$
Kraft	F	$1\ N\ (Newton) = 1\ kg\ m\ s^{-2}$	$1\ dyn = 1\ g\ cm\ s^{-2}$	$1\ kg\ m\ s^{-2} = 1\ N\ (Newton)$	$1\ kp = 9{,}80665\ N$
Zeit	t	s	s	s	s
Druck (mechan. Spannung)	p	$1\ Pa\ (Pascal) = 1\ N\ m^{-2}$	$1\ mb = 10^3\ dyn\ cm^{-2}$	$1\ b = 10\ N\ cm^{-2}$	$1\ at = 1\ kp\ cm^{-2}$
Dichte	ϱ	$kg\ m^{-3}$	$g\ cm^{-3}$	$kg\ dm^{-3}$	$kp\ m^{-4}\ s^2$
Geschwindigkeit	v	$m\ s^{-1}$	$cm\ s^{-1}$	$m\ s^{-1}$	$m\ s^{-1}$
Beschleunigung	a	$m\ s^{-2}$	$cm\ s^{-2}$	$m\ s^{-2}$	$m\ s^{-2}$
Impuls	P	$N\ s$	$g\ cm\ s^{-1}$	$kg\ m\ s^{-1}$	$kp\ s$
Drehmoment (Moment einer Kraft)	M	$1\ N\ m$	$1\ dyn\ cm = 1\ g\ cm^2\ s^{-2}$	$1\ N\ m = 1\ kg\ m^2\ s^{-2}$	$kp\ m$
Arbeit (Energie)	W, A	$1\ J\ (Joule) = 1\ N\ m = 1\ kg\ m^2\ s^{-2}$	$1\ erg = 1\ g\ cm^2\ s^{-2}$	$1\ N\ m = 1\ kg\ m^2\ s^{-2}$	$1\ PSh = 270000\ kp\ m$
Leistung	P	$1\ W\ (Watt) = 1\ N\ m\ s^{-1}$	$1\ erg\ s^{-1} = 1\ g\ cm^2\ s^{-3}$	$kg\ m^2\ s^{-3}$	$1\ PS = 75\ kp\ m\ s^{-1} = 735\ W$
Wärmemenge	Q	$1\ J = 1\ N\ m = 1\ Ws$	$1\ g\ cm^2\ s^{-2} = 1\ cal$	$1\ J = 1\ kg\ m^2\ s^{-2}$	$1\ kcal = 4186{,}8\ J$
Winkelgeschwindigkeit	ω	$rad\ s^{-1}$	s^{-1}	s^{-1}	s^{-1}
Winkelbeschleunigung	α	$rad\ s^{-2}$	s^{-2}	s^{-2}	s^{-2}
Frequenz (Periodenfrequenz)	f, ν	$Hz = s^{-1}$	$s^{-1} = Hz$	$s^{-1} = Hz$	$s^{-1} = Hz$
Trägheitsmoment 2. Grades	J	$kg\ m^2$	$g\ cm^2$	$kg\ m^2$	$kp\ m\ s^2$

4.1. Vorsätze zur Bezeichnung von Vielfachen und Teilen der Einheiten

Vorsatz-zeichen	Vorsatz	Zehner-potenz	Vorsatz-zeichen	Vorsatz	Zehner-potenz
T	Tera	10^{12}	c	Zenti	10^{-2}
G	Giga	10^{9}	m	Milli	10^{-3}
M	Mega	10^{6}	µ	Mikro	10^{-6}
k	Kilo	10^{3}	n	Nano	10^{-9}
h	Hekto	10^{2}	p	Piko	10^{-12}
da	Deka	10^{1}	f	Femto	10^{-15}
d	Dezi	10^{-1}	a	Atto	10^{-18}

4.2. Längen

Einheit	Zeichen	km	m	cm	mm	µm	nm
Kilometer	1 km	1	10^{3}	10^{5}	10^{6}	10^{9}	10^{12}
Meter	1 m	10^{-3}	1	10^{2}	10^{3}	10^{6}	10^{9}
Zentimeter	1 cm	10^{-5}	10^{-2}	1	10	10^{4}	10^{7}
Millimeter	1 mm	10^{-6}	10^{-3}	10^{-1}	1	10^{3}	10^{6}
Mikrometer	1 µm	10^{-9}	10^{-6}	10^{-4}	10^{-3}	1	10^{3}
Nanometer	1 nm	10^{-12}	10^{-9}	10^{-7}	10^{-6}	10^{-3}	1

1 Zoll = 1″ = 25,4 mm; 1 Fuß = 12″; 1 Seemeile = 1852 m

4.3. Flächen

Einheit	Zeichen	km²	ha	a	m²	dm²	cm²	mm²
Quadratkilometer	1 km²	1	10^{2}	10^{4}	10^{6}	10^{8}	10^{10}	10^{12}
Hektar	1 ha	10^{-2}	1	10^{2}	10^{4}	10^{6}	10^{8}	10^{10}
Ar	1 a	10^{-4}	10^{-2}	1	10^{2}	10^{4}	10^{6}	10^{8}
Quadratmeter	1 m²	10^{-6}	10^{-4}	10^{-2}	1	10^{2}	10^{4}	10^{6}
Quadratdezimeter	1 dm²	10^{-8}	10^{-6}	10^{-4}	10^{-2}	1	10^{2}	10^{4}
Quadratzentimeter	1 cm²	10^{-10}	10^{-8}	10^{-6}	10^{-4}	10^{-2}	1	10^{2}
Quadratmillimeter	1 mm²	10^{-12}	10^{-10}	10^{-8}	10^{-6}	10^{-4}	10^{-2}	1

1 Morgen = 180 Ruten = 2553 m²

4.4. Volumen

Einheit	Zeichen	m³	hl	l	dm³	cm³	mm³
Kubikmeter	1 m³	1	10	10^{3}	10^{3}	10^{6}	10^{9}
Hektoliter	1 hl	10^{-1}	1	10^{2}	10^{2}	10^{5}	10^{8}
Liter	1 l	10^{-3}	10^{-2}	1	1	10^{3}	10^{6}
Kubikdezimeter	1 dm³	10^{-3}	10^{-2}	1	1	10^{3}	10^{6}
Kubikzentimeter	1 cm³	10^{-6}	10^{-5}	10^{-3}	10^{-3}	1	10^{3}
Kubikmillimeter	1 mm³	10^{-9}	10^{-8}	10^{-6}	10^{-6}	10^{-3}	1

Zeit			5.1.
		Umrechnung in	
Einheit	Zeichen	Sekunden s	Stunden h
Sternsekunde	s*	0,997269	$2,77019 \cdot 10^{-4}$
Sekunde (mittl. Sonnenz.)	s	1	$2,7 \cdot 10^{-4}$
Minute	m	60	$1,6 \cdot 10^{-2}$
Tag (Sterntag)	d*	$8,6164 \cdot 10^4$	23,934
Tag (mittl. Sonnentag)	d	$8,64 \cdot 10^4$	24
Jahr (siderisch)	a*	$3,155815 \cdot 10^7$	$8,76615 \cdot 10^3$
Jahr (tropisch)	a, y	$3,15569 \cdot 10^7$	$8,7658 \cdot 10^3$

Energie						5.2.
	kpm	PSh	J	Ws	kWh	kcal
1 kpm	1	$3,70 \cdot 10^{-6}$	9,81	9,81	$2,72 \cdot 10^{-6}$	$2,34 \cdot 10^{-3}$
1 PSh	270000	1	$2,65 \cdot 10^6$	2 650 000	0,736	632
1 J	0,102	$3,77 \cdot 10^{-7}$	1	1	$2,78 \cdot 10^{-7}$	$2,39 \cdot 10^{-4}$
1 Ws	0,102	$3,77 \cdot 10^{-7}$	1	1	$2,78 \cdot 10^{-7}$	0,000239
1 kWh	367000	1,36	$3,6 \cdot 10^6$	3600000	1	860
1 kcal	427	$1,58 \cdot 10^{-3}$	$4,2 \cdot 10^3$	4190	$1,16 \cdot 10^{-3}$	1

Energie-Äquivalente						5.3.
	Joule	eV	l Atm	K	TME	$1\ m^{-1}$
1 Joule	1	$6,2422 \cdot 10^{18}$	$9,8727 \cdot 10^{-3}$	$4,8299 \cdot 10^{22}$	$6,701 \cdot 10^{12}$	$5,035 \cdot 10^{24}$
1 eV	$1,602 \cdot 10^{-19}$	1	$1,5813 \cdot 10^{-21}$	$7,7375 \cdot 10^3$	$1,0735 \cdot 10^{-6}$	$8,066 \cdot 10^5$
1 l Atm	$1,0129 \cdot 10^2$	$6,3235 \cdot 10^{20}$	1	$4,8921 \cdot 10^{24}$	$6,7876 \cdot 10^{14}$	$5,099 \cdot 10^{26}$
1 K	$2,0705 \cdot 10^{-23}$	$1,2924 \cdot 10^{-4}$	$2,0441 \cdot 10^{-25}$	1	$1,3874 \cdot 10^{-10}$	$1,0425 \cdot 10^2$
1 TME	$1,4923 \cdot 10^{-13}$	$9,3152 \cdot 10^5$	$1,4733 \cdot 10^{-15}$	$7,2077 \cdot 10^9$	1	$7,5137 \cdot 10^{11}$
$1\ m^{-1}$	$1,9861 \cdot 10^{-25}$	$1,2397 \cdot 10^{-6}$	$1,9608 \cdot 10^{-27}$	$9,5928 \cdot 10^{-3}$	$1,3309 \cdot 10^{-12}$	1

Leistung				5.4.
	kpm/s	PS	W	kW
kpm/s	1	0,0133	9,81	0,00981
PS	75	1	736	0,736
W	0,102	0,00136	1	0,001
kW	102	1,36	1000	1

Temperatur					5.5.
Bedeutung	Zeichen	°C	°Re	°F	K
Celsius	t °C	t	$0,8\,t$	$1,8\ t + 32$	$t + 273$
Reaumur........	t °Re	$2,25\,t$	1	$1,25\,t + 32$	$1,25\,t + 273$
Fahrenheit	t °F	$\dfrac{5 \cdot (t-32)}{9}$	$\dfrac{4 \cdot (t-32)}{9}$	1	$\dfrac{5 \cdot (t-32)}{9} + 273$
Thermo-dynamische Temperatur (Kelvin-Temperatur)	T K	$T - 273$	$(T-273) \cdot 0,8$	$(T-273) \cdot 1,8 + 32$	1

6.1 Druck

	Pa (N/m²)	bar	kp/m²	atm	Torr	at
1 Pa (1 N/m²)	1	10^{-5}	$1{,}01972 \cdot 10^{-1}$	$0{,}986\,923 \cdot 10^{-5}$	$0{,}750\,062 \cdot 10^{-2}$	$1{,}019\,716 \cdot 10^{-5}$
1 bar = 10^6 dyn/cm²	10^5	1	$1{,}01972 \cdot 10^4$	$0{,}986923$	$750{,}062$	$1{,}019716$
1 kp/m²	$0{,}980665 \cdot 10$	$0{,}980\,665 \cdot 10^{-4}$	1	$0{,}967\,841 \cdot 10^{-4}$	$0{,}735\,559 \cdot 10^{-1}$	10^{-4}
1 atm = 760 Torr	$1{,}01325 \cdot 10^5$	$1{,}01325$	$1{,}033227 \cdot 10^4$	1	760	$1{,}033227$
1 Torr	$1{,}333224 \cdot 10^2$	$1{,}333\,224 \cdot 10^{-3}$	$13{,}59510$	$1{,}315\,789 \cdot 10^{-3}$	1	$1{,}359\,510 \cdot 10^{-3}$
1 at = 1 kp/cm²	$0{,}980665 \cdot 10^5$	$0{,}980665$	10^4	$0{,}967841$	$735{,}559$	1

6.2 Einheiten in Großbritannien

Einheit	Umrechnung	Einheit	Umrechnung
Längen		**Volumen**	
1 inch	2,54 cm (genau)	1 cu. line	16,387 0 mm³
1 line = 0,1 in.	2,539 995 6 mm	1 cu. inch = 1000 cu. lines	16,387 0 cm³
1 foot (ft.) = 12 in.	30,479 947 cm	1 cu. foot = 1728 cu. in.	28,316 7 dm³
1 yard (yd.) = 3 ft.	0,914 398 m	1 cu. yard = 27 cu. ft.	0,764 551 m³
1 Fathom = 1 Faden	1,828 8 m	1 Imperial gallon	4,545 963 dm³
1 statute (British) mile = = 1760 yds. = 5280 ft.	1609,341 m	1 bushel = 8 Imp. gallons	36,367 7 dm³
1 (London) mile (gewöhnl. engl. Meile) = 5000 ft.	1523,997 m	1 Imperial quarter = = 8 bushels	290,941 63 dm³
1 nautical mile = 6080 ft.	1853,181 m	1 Barrel = 36 gallons	163,65 dm³
1 admiralty mile = = 6086,5 ft.	1855,162 m	1 Registertonne = 100 cu. ft.	2,831 67 m³
39,37 in. = 3,2808 ft.	1 m	1 Frachtraumtonne (ocean ton) = 40 cu. ft.	1,132 668 m³
0,3937 in.	1 cm	35,314 8 cu. ft.	1 m³
		61,023 9 cu. in.	1 dm³
Flächen		**Gewichte**	
1 square line	6,451 578 mm²	1 ounce avoirdupois (oz.)	28,349 53 p
1 square inch	6,451 578 cm²	1 pound avoirdupois (lb.; Handelsgewicht) = 16 oz.	0,453 592 4 kp
1 square foot	0,092 903 m²	1 quarter = 28 lbs.	12,700 59 kp
1 square yard	0,836 124 m²	1 hundredweight (centweight; cwt.) = = 4 quarters = 112 lbs.	50,802 349 kp
1 acre = 4840 sq. yards	40,468 42 a		
1 yard of land = 30 acres	1,214 05 ha	1 long ton = 20 cwts. = = 2240 lbs.	1,016 047 Mp
1 Quadratmeile (sq. mile) = 640 acres	2,589 9 km²	1 short ton (Schiffs- tonne) = 2000 lbs.	0,907 185 Mp
10,764 sq. ft.	1 m	2,204 6 lbs. = 35,274 oz.	1 kp
0,1550 sq. in.	1 cm		

1 HP (Horsepower) = 76,04 mkp/s = 1,014 PS = 745,3 W

1 BTU (British Thermal Unit, Brit. Wärmeeinh.) ≙ 1,055 kJ

1 at = 735,5 mm QS = 14,223 lbs./sq. inch

1 Atm = 760 mm QS = 14,696 lbs./sq. inch

In den USA werden englische Einheiten benutzt. Abweichend vom englischen System werden folgende Einheiten verwendet:

Volumen		Gewichte	
1 gallon = 231 cu. inches	3,785 4 dm³	1 cental = 100 lbs. =	
1 quart = $^1/_4$ gallon	0,946 4 dm³	= 1 hundredweight	
1 bushel	35,242 dm³	(cwt.)	45,359 24 kg
1 barrel	119,24 dm³		

Avogadrosche Konstante: Zahl der Moleküle je Mol	N_A	$6,022169 \pm 0,0000066 \cdot 10^{26}$ kmol^{-1} (Chem. M.)
Bohrsches Magneton	μ_B	$(9,274096 \pm 0,000007) \cdot 10^{-24}$ JT^{-1}
Boltzmannsche Entropiekonstante	k	$(1,380622 \pm 0,000043) \cdot 10^{-23}$ J K^{-1}
Elektrische Feldkonstante	ε_0	$8,854185 \cdot 10^{-12}$ AsV^{-1} m
Elektrische Elementarladung	e	$(1,6021917 \pm 0,00000044) \cdot 10^{-19}$ C
Faradaysche Konstante	F	$(9,648670 \pm 0,0000055) \cdot 10^{7}$ C kmol^{-1}
Fallbeschleunigung	g_n	
Normalbeschleunigung		$9,80665$ m s^{-2}
Eispunkt	T_0	$273,15$ K
Geschwindigkeit der Molekeln bei 0 °C		$H_2 \approx 1800$ m s^{-1}; $O_2 \approx 460$ m s^{-1} $N_2 \approx 500$ m s^{-1}; $CO_2 \approx 393$ m s^{-1}
Gravitationskonstante	f	$(6,6732 \pm 0,0460) \cdot 10^{-11}$ m³ kg^{-1} s^{-2}
Lichtgeschwindigkeit im Vakuum	c_0	$299792500 \pm 3,3$ m s^{-1}
Magnetische Feldkonstante (Induktionskonstante)	μ_0	$4\pi \cdot 10^{-7}$ Hm^{-1} = $1,256637061 \cdot 10^{-6}$ VsA^{-1}m^{-1}
Molvolumen eines idealen Gases u. N.B.	V_0	$22,4136 \cdot 10^{3}$ cm³ mol^{-1}
Plancksches Wirkungsquantum	h	$(6,626196 \pm 0,0000076) \cdot 10^{-34}$ J s
Ruhemasse des Elektrons (Positrons)	m_e	$(9,109558 \pm 0,000006) \cdot 10^{-31}$ kg
Ruhemasse des Neutrons	m_n	$(1,674920 \pm 0,0000066) \cdot 10^{-27}$ kg
Ruhemasse des Protons	m_p	$(1,672614 \pm 0,0000066) \cdot 10^{-27}$ kg
Ruhemasse des Deuterons	m_d	$3,3433 \cdot 10^{-27}$ kg
Rydbergkonstante (bezogen auf unendliche Kernmasse)	R_∞	$1,09737312 \cdot 10^{7}$ m^{-1}
Spezifische Ladung des Elektrons	e/m_e	$1,7588028 \cdot 10^{11}$ As kg^{-1}
Spezifisches Normvolumen idealer Gase	v_0	$2,24136 \cdot 10^{1}$ dm³ mol^{-1}
Stefan-Boltzmannsche-Strahlungskonstante	σ	$(5,66961 \pm 0,0017) \cdot 10^{-8}$ W m^{-2} K^{-4}
Universelle Gaskonstante (allgemeine Gaskonstante)	R	$8,3161 \pm 0,0007$ J K^{-1} mol^{-1}

Dichte (Mittelwerte) in g/cm³
(Elemente S. 130)

Feste Stoffe (Wasser bei + 4°C: 1 g/cm³)

Stoff	g/cm³	Stoff	g/cm³	Stoff	g/cm³
Achat	2,6	Glimmer	2,9	Mauerwerk aus:	
Alabaster	2,6	Glockenmetall	8,8	Bruchstein	2,4
Alaun	1,7	Gneis	2,6	Mauerwerk aus:	
Aluminiumbronze	7,7	Granat	3,8	Sandstein	2,1
Anthrazit	1,6	Granit	2,8	Ziegeln	1,5
Asbest	2,4	Graphit	2,1	Meerschaum	1,2
Asphalt (Erdpech)	1,3	Gummi, roh	0,94	Mennige	9,0
		Gummiarabikum	1,4	Mergel	2,4
Basalt	3,0	Guttapercha	0,97	Messing	8,6
Baumwolle,				Meteorstein	3,6
lufttrocken	1,5	Harz	1,1	Onyx	2,7
Bergkristall, rein	2,6	Holzarten:		Opal	2,2
Bernstein	1,0	Fichte, Kiefer,		Papier	0,9
Beton	2,2	Tanne	0,5	Paraffin	0,9
Bienenwachs	0,96	Linde, Pappel,		Pech	1,1
Bimsstein	0,6	Weide	0,5	Perlen	2,7
Bleiglätte	8,0	Ahorn, Birke, Birne	0,6	Phosphorbronze	8,8
Bleiglanz	7,4	Buche, Nuß, Ulme	0,7	Porphyr	2,8
Bleiweiß	6,7	Apfel, Kirsche	0,8	Porzellan	2,4
Bleizucker	2,4	Eiche, Esche	0,9	Pottasche	2,3
Borax	1,7	Ebenholz	1,3	Preßkohle (Brikett)	1,3
Brauneisenstein	3,7	Holzkohle	0,4	Quarz	2,6
Braunkohle	1,4	Holzpflaster	0,7	Rubin	4,0
Braunstein	4,2	Kalk, ungebrannt	2,6	Salpeter	2,1
Bronze (Cu + Sn)	8,6	gebrannt	1,4	Salz, Meer-	2,2
Calciumkarbid	2,3	Kalkmörtel	1,7	Stein-	2,4
Chilesalpeter	2,3	Kalksandstein	1,9	Sand	1,7
		Kampfer	1,0	Sandstein	2,4
Diamant	3,5	Kaolin	2,2	Saphir	3,9
Dolomit	2,9	Kies	1,9	Schamottesteine	2,0
		Koks	1,4	Schiefer	2,7
Eis	0,9	Kolophonium	1,1	Schießpulver	1,3
Eisen, Guß-	7,3	Kork	0,24	Schlacke, Hochofen-	2,8
Schmiede-	7,8	Korund	4,0	Schwefelkies	5,0
Stahl	7,9	Kreide	2,2	Serpentin	2,6
Eisenglanz	5,0	Kupfer, -kies	4,2	Smaragd	2,8
Eisenvitriol	1,9	-glanz	5,6	Soda, kristallisiert	1,5
Elfenbein	1,8	gewalzt	9,0	Speckstein	2,7
Erde	1,7	Kupfervitriol	2,2	Steinkohle	1,4
Elektronmetall	1,8	Lava, basaltisch	2,9	Syenit	2,7
Feldspat	2,6	trachytisch	2,4	Töpferton	2,0
Feldsteine	2,5	Leder	1,0	Topas	3,5
Feuerstein	2,7	Lehm	1,6	Torf, trocken	0,6
		Leim	1,3	Türkis	2,9
Galmei	4,3	Linoleum	1,2	Tuffstein	1,3
Gips, ungebrannt	2,2	Magnesia	3,2	Zement	1,4
gebrannt	1,8	Magneteisenstein	5,0	Ziegel, gewöhnl.	1,5
Glas, Fenster-	2,5	Malachit	3,9	Klinker	1,8
Spiegel-	2,6	Manganerz	3,8	Zinkblende	4,0
Kristall-	2,9	Marmor	2,7	Zinnstein	6,7
Glaubersalz	1,4				

Flüssige Stoffe (Wasser bei + 4°C: 1 g/cm³)

Stoff	g/cm³	Stoff	g/cm³	Stoff	g/cm³
Äther	0,74	Leinöl	0,94	Schwefelsäure, konz.	1,84
Alkohol	0,79	Milch	1,03	Seewasser	1,02
Benzin	0,69	Olivenöl	0,92	Steinkohlenteer	1,20
Benzol	0,878	Petroleum	0,80	Terpentinöl	0,87
Chloroform	1,48	Rizinusöl	0,97	Tran	0,92
Eiweiß	1,04	Salpetersäure, konz.	1,53		
Glyzerin	1,26	Salzsäure, rauchend	1,20		

Gasförmige Stoffe (in g/dm³ bei 0 °C und 1013 mbar)

Stoff	g/dm³	Stoff	g/dm³	Stoff	g/dm³
Ammoniak	0,771	Helium	0,179	Stickstoff	1,25
Argon	1,784	Kohlendioxid	1,977	Wasserstoff	0,089
Azetylen	1,171	Leuchtgas	0,49	Wasserdampf	0,804
Chlor	3,22	Luft	1,293		
Generatorgas	1,141	Sauerstoff	1,429		

Reibungszahlen (Mittelwerte)

Gleitende Reibung (glatte Oberflächen)

Werkstoff	trocken	geschm.	Werkstoff	trocken	geschm.
Stahl auf Stahl..........	0,34	0,10	Kupfer auf Kupfer	0,29	—
Grauguß	0,22	0,06	Messing	0,25	—
Kupfer	0,22	—	Messing auf Messing......	0,20	0,06
Messing	0,17	—	Bronze	0,20	0,06
Bronze.........	0,18	0,09	Holz	0,60	0,44
Weißmetall	—	0,05	Lederriemen auf Metall ..	0,28	—
Holz	0,50	—	Holz	0,33	—
Eis	0,014	—	Bremsbelag auf Stahl	0,40	—
Gußeisen auf Gußeisen ...	0,28	0,08	Gummi auf Asphalt	0,50	—
Kupfer	0,25	—	Stein auf Stein	0,68	—
Messing	0,20	0,08	Beton	0,76	—
Bronze	0,20	0,08	Stahl	0,45	—
Holz	0,35	0,25	Holz	0,70	0,40

Rollende Reibung

Wälzlager (geschmiert)	0,002	Straßenbahn	0,006
Auto auf der Straße	0,03	Eisenbahn......................	0,003

Härteskala nach Mohs

Stoffart	Härtegrad	HB	Stoffart	Härtegrad	HB
Talk	1	5	Feldspat	6	253
Gips...............	2	20	Quarz	7	308
Kalkspat	3	92	Topas	8	525
Flußspat	4	110	Korund	9	1150
Apatit	5	237	Diamant	10	—

HB = Brinellhärte in kg/mm²

Härte einiger Stoffe nach Mohs

Stoff	Härtegrad	Stoff	Härtegrad	Stoff	Härtegrad
Natrium	0,4	Gold	2,5...3	Palladium	4,8
Graphit	0,5...1	Kupfer	2,5...3	Mangan	5
Kalium	0,5	Meerschaum	2,5	Apatit	5
Lithium	0,6	Silber	2,5...3	Asbest	5
Talk	1	Zink	2,5	Stahl	5...8,5
Indium	1,2	Kalkspat	3	Opal	5...6
Zinn	1,5...2	Antimon	3,3	Augit	6
Gips	1,5...2	Schwerspat	3,3	Magnetit	6
Cer (Cerium) ...	1,5	Marmor	3,3...4	Iridium	6,5
Alabaster	1,5	Bronze	3,5	Osmium	7
Asphalt	1,5	Dolomit	3,5	Quarz	7
Blei	1,5...2,5	Messing	3,5	Wolfram	7
Strontium	1,8	Arsen	3,5	Feuerstein	7
Aluminium	2	Glockenbronze .	4,0	Achat	7
Bernstein	2...2,5	Spiegelbronze ..	4...5	Granat	7
Kalzium	2...2,5	Flußspat	4	Silizium	7
Kobalt	2	Platin	4,3	Turmalin	7,3
Magnesium	2,5...3	Glas	4,5...6,5	Topas	8
Schwefel	2	Gußeisen	4,5	Korund	9
Steinkohle	2	Neusilber	4,5	Karborund	9,5
Anthrazit	2,5	Nickel	4,5	Hartmetall	9...10
Wismut	2,5	Eisen	4,5	Diamant	10

10.1. Wirkungsgrade einiger Maschinen

Maschine	η in %	Maschine	η in %
Preßluftanlagen	12,0...20	Winden	68...95
Wasserstrahlpumpe	10,0...30	Hydraulischer Hebebock	70...72
Lokomotive	15...25	Kurbeltrieb	35...99
Explosionsturbine, trocken ...	17,5...18	Drehstrommotor	75...95
Gasdruckpumpe	16,0...25	Kreiselkompressor	70...75
Wasserstrahlpumpe	12...30	Wasserrad, oberschlächtig ...	85...88
Großgasmaschine	24...26	Kapselpumpe...............	85
Dampfmaschinen	10...28	Gleichrichter, groß..........	81...96
Dampfturbine	19...25	Gleichstrommotor...........	68...95
Gleichdruckturbine	28...30	Wasserturbine	90...95
Ottomotor	24...28	Kachelofen	85
Dieselmotor	35...38	Elektr. Leitungen	95...96
Explosionsturbine, naß	35...60	Drehstromdynamo	95...96
Preßluftbohrer	45...48	Elektrischer Transformator ...	95...99
Gleichrichter, trocken	50...70	Rollenzug	80...95
Wasserrad für Niedergefälle .	65...75	Bensonkessel	90...92
Windrad, theoretisch	65...68	Brennstoffvergasung	70...75
Elektr. Sammler entladen, langs.	90...95	Dampfkessel	70...85
Wasserrad mit Kulisseneinlagen	75...85		

Wärme

Wichtige Wärmewerte von festen Stoffen

10.2. Wärmeausdehnungszahlen (a) bei 20 °C

a = Wärmeausdehnungszahl. a = 0,000024 K^{-1} bedeutet: 1m Werkstoff dehnt sich bei 1°C Erwärmung um 0,000024 m aus (zwischen 0° und 100°C).

Werkstoff	α in K^{-1}	Werkstoff	α in K^{-1}	Werkstoff	α in K^{-1}
Aluminium	0,000024	Gußeisen	0,000011	Nickelstahl	
Antimon	0,000011	Hartmetall	0,000006	(58% Ni)	0,000012
Beton	0,000014	Hartgummi	0,000075	Platin	0,000009
Blei	0,000028	Invarstahl		Porzellan	0,000003
Bronze	0,000018	(36% Ni)	0,000002	Quecksilber	0,000061
Chrom	0,000008	Iridium	0,000007	Silber	0,000020
Chromstahl	0,000010	Kadmium	0,000025	Silizium	0,000007
Duraluminium ..	0,000024	Kobalt	0,000013	Stahl, gew.	0,000012
Eis bei 0 °C	0,000037	Konstantan	0,000015	Stahlguß	0,000014
Elektron	0,000024	Kupfer	0,000017	Wismut	0,000013
Flußstahl	0,000012	Magnesium	0,000026	Wolfram	0,000004
Gips	0,000018	Marmor	0,000005	Zink	0,000027
Glas	0,000009	Messing	0,000018	Zinn	0,000023
Gold	0,000014	Neusilber	0,000018		
Graphit	0,000001	Nickel	0,000013		

10.3. Schwindmaße (in %)

Schwindmaße werden in % angegeben. Beispiel: Ein Stahlgußstück, 500 mm lang, wird beim Erstarren und Erkalten 10 mm (= 2%) kürzer.

Al- u. Mg-Legierungen	1,25%	Bronze	1,5%	Sondermessing	2%
		Rotguß	1,3%	Stahlguß	2%
Blei	1%	Glockenmetall	1,5%	Zink	1,5%
Messing..........	1,2%	Gußeisen	1%	Zinn	0,5%

Schmelzwärme in kJ/kg — 11.1.

Stoff	kJ/kg	Stoff	kJ/kg	Stoff	kJ/kg
Aluminium	393,56	Kalium	54,43	Paraffin	146,54
Antimon	167,47	Kalzium	328,66	Platin	113,88
Blei	24,70	Kobalt	280,52	Schwefel	42,71
Chrom	133,98	Kupfer	204,74	Silber	105,09
Diamant	16747,20	Lithium	138,16	Silizium	164,12
Eis, bei 0°C	332,85	Magnesium	378,91	Stahl	276,33
Eisen (rein)	272,14	Mangan	251,21	Wismut	54,43
Gold	66,57	Messing	167,47	Wolfram	192,60
Gußeisen	96,30	Natrium	113,04	Zink	104,67
Kadmium	54,85	Nickel	293,08	Zinn	58,62

Verdampfungswärme (in kJ/kg) bei 1013 mbar — 11.2.

Stoff	kJ/kg	Stoff	kJ/kg	Stoff	kJ/kg
Aluminium	10538,18	Kupfer	4798,07	Silizium	12560,40
Blei	870,85	Magnesium	5421,91	Wismut	795,49
Eisen (rein)	6322,07	Natrium	4605,48	Zink	1758,46
Gold	1578,42	Phosphor (weiß) .	1674,72	Zinn	2386,48
Jod	171,66	Schwefel	293,08		
Kalium	2051,53	Silber	2357,17		

Wärmeleitfähigkeit (in kJ/mh K) — 11.3.

Stoff	kJ/mh K	Stoff	kJ/mh K	Stoff	kJ/mh K
Aluminium	732,7	Konstantan	84	Platin	251,2
Al-Cu-Mg-		Kork, Torf	0,13...0,25	Porzellan	3...7
Legierungen ..	464,7	Kupfer	1256...1424	Quarzglas	5...8
Beton	3...6,3	Magnesium	565,2	Quarzsand	
Blei	125,6	Mauerwerk:		(trocken)	1
Bronze	150,7	feucht	2,5...3,8	Schwefel (rhomb.)	0,96
Eis, bei 0°C	8,0	trocken	1,7...2,1	Silber	1507,3
Eisen, rein	167...264	Messing	314...419	Stahl	92...188
Glas	2...4	Neusilber	88	Schlacken-,	
Gold, rein	1117,9	Nickel	209...335	Glaswolle	0,17...0,42
Graphit	42...628	Nickelstahl		Zink	406
Gußeisen	176...209	(50% Ni) ...	38...50	Zinn	320,3
Invarstahl		Paraffin	0,75		
(36% Ni)	40				

Wichtige Wärmewerte von flüssigen Stoffen

Volumenausdehnungskoeffizient (α_v in K^{-1}) — 11.4.

Stoff	α_v in K^{-1}	Stoff	α_v in K^{-1}	Stoff	α_v in K^{-1}
Alkohol, Äthyl- .	0,00110	Chloroform	0,00128	Petroleum	0,00092
Ameisensäure ...	0,00102	Essigsäure	0,00107	Quecksilber	0,00018
Anilin	0,00085	Glyzerin	0,00050	Salpetersäure, rein...	0,00124
Äther	0,00162	Leinöl	0,00072	Salzsäure, 20%	0,00030
Aceton	0,00143	Maschinenöl	0,00076	Schwefelkohlenstoff	0,00119
Benzin	0,00100	Nitrobenzol	0,00083	Schwefelsäure, konz.	0,00057
Benzol	0,00116	Olivenöl	0,00072	Terpentinöl	0,00970
Brom	0,00113	Pentan	0,00154	Wasser, rein	0,00018

Verdampfungswärme (in kJ/kg) bei 1013 mbar — 11.5.

Stoff	kJ/kg	Stoff	kJ/kg
Äther	360...377	Schwefelkohlenstoff	356
Alkohol	854...879	Schweflige Säure	402
Benzol	393	Terpentinöl	293...310
Petroleum	314	Toluol	348
Quecksilber	260...301	Wasser....................	2257

12.1. Spezifische Wärmekapazität bei 20 °C in kJ/kg K

Stoff	kJ/kg K	Stoff	kJ/kg K	Stoff	kJ/kg K
Alkohol, Äthyl-	2,47	Essigsäure	2,05	Salpetersäure, rein	0,70
Ameisensäure	2,18	Glyzerin	2,43	Salzsäure, 20%	3,14
Anilin	2,05	Kochsalzlösung	3,62	Schwefelkohlenstoff	1,01
Äther	2,34	Leinöl	1,88	Schwefelsäure, konz.	1,38
Aceton	2,18	Maschinenöl	1,67	Spiritus, 95%	2,43
Benzin	2,09	Nitrobenzol	1,51	Teer	3,22
Benzol	1,72	Olivenöl	1,67	Terpentinöl	1,80
Brom	0,46	Petroleum	2,09	Transformatorenöl	1,88
Chloroform	0,96	Quecksilber	0,13	Wasser, rein	4,19

12.2. Schmelzpunkte und Siedepunkte bei 1013 mbar

Stoff	Schmelzpunkt °C	Siedepunkt °C	Stoff	Schmelzpunkt °C	Siedepunkt °C
Alkohol, Äthyl-	−114,5	78,5	Leinöl	− 15	316
Ameisensäure	+ 8,4	102	Maschinenöl	− 5	380...400
Anilin	− 6,2	184	Nitrobenzol	+ 5,7	211
Äther	−116,3	34,5	Petroleum	− 70	150...300
Aceton	− 93,3	56,1	Quecksilber	− 38,9	357
Benzin	−30..−50	67...100	Salpetersäure, rein	− 41	86
Benzol	+ 5,5	80,1	Salzsäure 20%	− 14	110
Brom	− 7,3	59	Schwefelkohlenstoff	−112	46,3
Chloroform	− 63,5	61,2	Schwefelsäure, konz.	+ 10,5	338
Dieselöl	− 5	60...300	Spiritus, 95%	− 90	78
Essigsäure	+ 16,7	117,8	Teer	− 15	300
Gasöl	− 30	200...300	Terpentinöl	− 10	160
Glyzerin	− 20	290	Transformatorenöl	− 5	175
Heizöl	− 5	200...350	Wasser, rein	0	100
Kochsalzlösung ges.	− 18	109			

12.3. Wärmeleitfähigkeit in kJ/mh K

Stoff	kJ/mh K	Stoff	kJ/mh K	Stoff	kJ/mh K
Alkohol, Äthyl-	0,63...0,84	Kochsalzlösung, ges.	2,09	Schwefelkohlenstoff	0,02
Äther	0,50	Leinöl	0,54	Schwefelsäure, konz.	1,67
Benzin	0,63	Maschinenöl	0,46	Spiritus, 95%	0,59
Benzol	0,50	Petroleum	0,59	Teer	0,67
Dieselöl	0,46	Quecksilber	33,49	Terpentinöl	0,38
Glyzerin	1,01	Salpetersäure, rein	1,93	Transformatorenöl	0,46
Heizöl	0,42	Salzsäure, 20%	1,80	Wasser, rein	2,09

12.4. Wichtige Wärmewerte von Gasen bei 1013 mbar

Gas	c_p Spez. Wärmekapazit. J/g K	$\gamma = \dfrac{c_p}{c_v}$ bei 20°C	t_E Schmelzpunkt °C	t_s Siedepunkt °C	r Verdampf.-Wärme J/g	t_k Krit. Temp. °C	p_k Krit. Druck bar
Ammoniak	2,160	1,31	− 77,7	− 33,4	327	132,4	116,5
Chlor	0,486	1,35	−100,5	− 34,6	68,7	144,0	79,5
Chlorwasserstoff	0,804	1,39	−112	− 85	107	51,4	85,3
Helium	5,275	1,66	−272	−269	6	−268	2,2
Kohlendioxid	0,837	1,29	− 56,6	− 78,5	136,8	31,0	76,3
Kohlenoxid	1,043	1,40	−205	−191,5	51,6	−140	36,1
Luft, CO₂-frei	1,009	1,40	−	−190	50	−141	38,5
Neon	−	1,64	−248,7	−246,1	20,5	−228,7	28,2
Ozon	0,795	1,40	−251	−112	60	− 12	57,1
Sauerstoff	0,917	1,40	−218,8	−183	51	−118,4	52,5
Schwefeldioxid	0,636	1,28	− 75	− 10	93	157	76,0
Stickstoff	1,038	1,40	−210	−195,8	47,6	−147	35,1
Wasserstoff	14,319	1,41	−259,2	−252,8	111	−239,9	13,4

Siedepunkt des Wassers und Barometerstand — 13.1.

mbar	.880	893	906	920	933	946	960	973
°C	96,10	96,51	96,91	97,32	97,71	98,11	98,49	98,88
mbar	986	1000	1013	1026	1040	1053	1066	1080
°C	99,26	99,63	100	100,38	100,73	101,09	101,44	101,80

Sättigungsmenge des Wasserdampfes (in g/m³) — 13.2.

°C	30	25	20	15	10	5	0	—5	—10
g/m³	30,3	23,0	17,5	12,8	9,4	6,8	4,8	3,2	2,1

Zusammensetzung der trockenen Luft in Bodennähe — 13.3.

	N_2	O_2	Ar	CO_2	Ne	He	Kr	Xe	H_2
Gew.-%	75,52	23,15	1,28	0,05	0,001 3	0,000 07	0,000 3	0,000 04	0,000 004
Vol.-%	78,09	20,95	0,93	0,03	0,001 8	0,000 5	0,0001	0,000 008	0,000 05

Luftdruck und Meereshöhe (mittlere Verhältnisse, stark wetterabhängig) — 13.4.

km	0	0,1	0,5	1	2	3	4	5	6	8	10	12	15	20
mbar	1013	1000	955	900	795	700	616	540	470	355	265	193	120	55

Kältemischungen — 13.5.

Mischung	Teile	°C	Mischung	Teile	°C
Salmiak-Salpeter + Wasser	5:5:16	— 12	Salpeter + Salmiak + Wasser	1:1:1	— 24
Ammoniumnitrat + Wasser	1:1	— 16	Ammoniumsulfat + Wasser	1:1	— 30
Ammoniumchlorid + Schnee	1:1	— 18	Kalziumchlorid + Schnee	2:1	— 40
Kochsalz + Schnee	1:4	— 21	Festes CO_2 + Äther		— 77

Heizwerte (H_u) — 13.6.

Feste Stoffe	kJ/kg	Flüssige Stoffe	kJ/kg	Gase	kJ/Nm³
Holz, frisch	4200... 8400	Alkohol, Meth.	20000	Azetylen	56500
Holz, trocken	11700...15000	Benzin	40000...44000	Generatorgas	5000...6300
Holzkohle	33500	Benzol	40200...42300	Gichtgas	≈4000
Torf, trocken	12500...17000	Dieselöl	42000	Erdgas	38000...55000
Braunk.-Brik.	19000...22000	Petroleum	44000	Kohlenoxyd	12000
Steinkohle	27000...33500	Teeröl	39000...43000	Leuchtgas	16000...21000
Koks	28500...30000	Spiritus	28000	Methan	36000
Anthrazit	31000...36000	(98 Gew.-%)		Wassergas	10500...12000
				Wasserstoff	11000

Akustik

Schallgeschwindigkeit (Longitudinalwellen in Stäben) bei 20 °C, in Gasen bei 0 °C und 1013 mbar — 13.7.

Stoff	m/s	Stoff	m/s	Stoff	m/s
Aluminium, Eisen	5100	Holz	3500...5000	Leuchtgas	490
Blei	1300	Kupfer	3600	Mauerwerk	3500...4000
Glas	5000	Kronglas	5300	Quecksilber	1450
Gold	2100	Kohlendioxid	258	Stahl	4800...5000
Gummi	50	Luft	331	Wasser, Meer-	1480

14.1. Schwingungszahlen

Ton		c¹	cis¹	d¹	dis¹	e¹	f¹
Frequenz	Reine Stimmung	264	—	297	—	330	352
	Gleichschwebende Stimmung .	261,63	277,19	293,67	311,13	329,63	349,23

Ton		fis¹	g¹	gis¹	a¹	ais¹	h¹
Frequenz	Reine Stimmung	—	396	—	440	—	495
	Gleichschwebende Stimmung .	370,00	392,00	415,36	440,00	466,16	493,89

14.2. Lautstärken

	Stärke in Phon	Schall-intensität		Stärke in Phon	Schall-intensität
Untere Hörschwelle..	0	10^{-12}	Schreibmaschine.....	50...70	$10^{-7}...10^{-5}$
Taschenuhrticken	10	10^{-11}	Lauter Straßenlärm ..	70	10^{-5}
Blätterrauschen......	20	10^{-10}	Schreien	80	10^{-4}
Flüstern	20	10^{-10}	Sehr laute Hupe	90	10^{-3}
Gedämpfte Unter-			Motorrad	70...100	$10^{-3}...10^{-2}$
haltung	40	10^{-8}	Niethämmer	110	10^{-1}
Leise Rundfunkmusik .	40	10^{-8}	Flugmotor	120	1
Sprache	40...60	$10^{-8}...10^{-6}$	Schmerzender Lärm .	130	10

14.3. Schalldruck — Schallintensität — Lautstärke

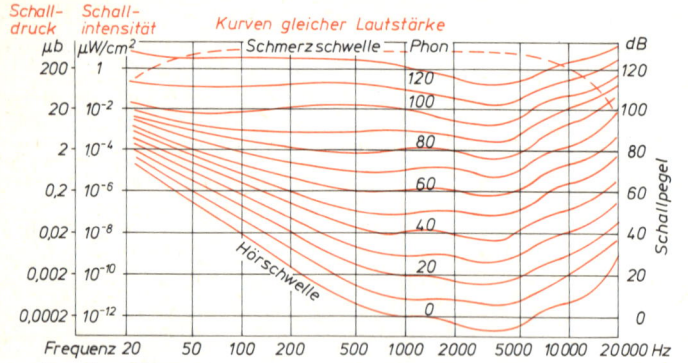

Bemerkung: Bezugsschalldruck $p_0 = 2 \cdot 10^{-4}$ µbar $= 2 \cdot 10^{-5}$ N/m².
Bezugsschallintensität $J = 10^{-10}$ µW/cm² $= 10^{-3}$ W/m².
Lautstärke $L_N = 20 \cdot \lg p/p_0$ phon (dB).

14.4. Dämmzahlen (Durchschnittswerte)

Baustoff	db	Ausführung (erforderlich)	db
Einfaches Fenster	15	Ziegelmauerwerk, verputzt 25 cm .	50
Doppelfenster mit 12 cm Luft.....	bis 30	Fenster	25
Einfache Holztür	20	Türen	30
Doppeltür mit 12 cm Luft	bis 40	Zwischenwände in Wohnungen ..	40
Strohmatte, 5 cm	38	Zwischenwände in Schulen	42
Matte aus Holzwolle, 8 cm	50	Wohnungstrennwand.............	48
Betonwand, 10 cm	42	Außenmauern...................	48
Betonwand, 20 cm	48	Krankenzimmerwände	50
Ziegelmauerwerk, verputzt 12 cm .	45	Zimmerdecken	52

Schallschluckzahlen in %						15.1.
Frequenz in Hz	130	260	520	1040	2080	4160
Holzfußboden	3	4	6	12	16	17
Platte aus Holzwolle, 25 mm......	10	15	30	74	72	77
Holzfaserdämmplatte, 20 mm, mit 80 mm Glaswollhinterfüllung ...	38	53	42	37	45	47
Filz, 15 mm	8	18	38	73	76	79
Putz	1	3	4	5	8	10
Teppich	4	4	16	30	53	60

Optik

Photometrische Einheiten			15.2.
Kurzzeichen	Einheit	Beziehungen	
cd	Candela	$1\ cd = 1\ lm/sr$ (Lichtstärke)	
cd/m²	Candela durch Quadratmeter	$1\ cd/m² = 10^{-4}\ cd/cm$ (Leuchtdichte)	
lm	Lumen	$1\ lm = 1\ cd\ sr$ (Lichtstrom)	
lx	Lux	$1\ lx = 1\ lm/m² = 1\ cd\ sr/m²$ (Beleuchtungsstärke)	

Wellenlänge des sichtbaren Lichts							15.3.
Farbe	rot	orange	gelb	grün	blau	indigo	violett
Wellenlänge mm	0,00078	0,00060	0,00055	0,00050	0,00047	0,00044	0,00036

Elektromagnetisches Spektrum	15.4.

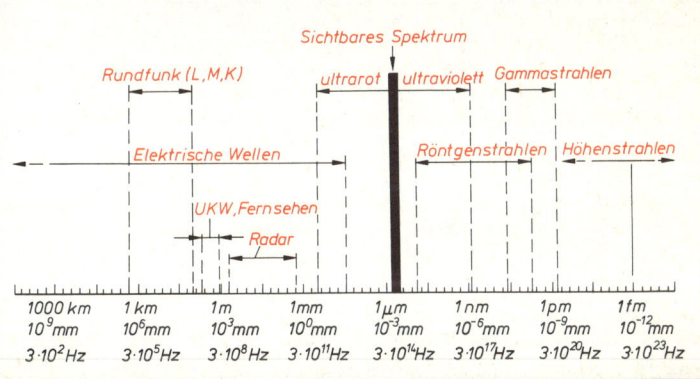

Fraunhofersche Linien des Sonnenspektrums								15.5.
in Luft bei 20 °C und 1013 mbar unter Beifügung der chemischen Elemente in Dampfform								
Elemente	O	H	Cd	Na	Fe	H	Fe	H
Linie	B (hochrot)	C (orange)	orange	D (gelb)	E (grün)	F (blau)	G (bl.-viol.)	H (violett)
Wellenlänge in nm	687	656	643,847	589	527	486	431	397

15

Relative Brechungszahlen (n) und Dispersion (Δ) gegen Luft bei 20 °C und 1013 mbar				
Stoff.	n_C (orange)	n_D (gelb)	n_F (blau)	$\Delta = n_F - n_C$
Alkohol, Äthyl-	1,352	1,354	1,358	0,006
Äther, Diäthyl-	1,361	1,362	1,367	0,006
Benzol.........................	1,497	1,501	1,513	0,016
Diamant	2,410	2,417	2,435	0,025
Flintglas, leicht	1,604	1,609	1,620	0,016
Flintglas, schwer	1,743	1,752	1,772	0,029
Kalkspat, ord.	1,655	1,659	1,668	0,013
Kronglas, leicht	1,513	1,515	1,521	0,008
Quarz, ord.	1,542	1,544	1,550	0,008
Schwefelkohlenstoff	1,617	1,628	1,652	0,035

Elektrizität

16.2. **Elektrischer Widerstand bei 20°C**

ϱ = Spezifischer Widerstand, gemessen in $\dfrac{\Omega\ mm^2}{m}$, Widerstand eines Leiters von 1 m Länge und 1 mm² Querschnitt; er ist von der Temperatur abhängig.

$\varkappa = \dfrac{1}{\varrho}$ = Leitfähigkeit, gemessen in $\dfrac{m}{\Omega\ mm^2}$, Kehrwert des spezifischen Widerstandes.

α = Temperaturbeiwert in 1 K^{-1}, Widerstandsänderung pro 1 Ohm bei Erwärmung eines Stoffes um 1 K

$$R_t = R_{20} \cdot (1 + \alpha\ \Delta t)$$

R_t = Endwiderstand der Temperatur t
R_{20} = Widerstand bei 20°C; $\Delta t = t - 20°C$

Stoff	ϱ $\Omega mm^2 m^{-1}$	$\varkappa$ $m\Omega^{-1}mm^{-2}$	α K^{-1}	Stoff	ϱ $\Omega mm^2 m^{-1}$	$\varkappa$ $m\Omega^{-1}mm^{-2}$	α K^{-1}
Aluminiumdraht .	0,0303	33	0,0036	Messing.....	0,75	13,3	0,0015
Kupfer	0,01786	56	0,0039	Molybdän ...	0,056	17,9	0,0046
Blei	0,22	4,8	0,0042	Nickel	0,07	14,3	0,006
Bronze (Silber-) .	0,0208	48	—	Osmium	0,105	9,5	0,0042
Barium	0,4	2,5	—	Platin......	0,108	9,25	0,004
Beryllium	0,075	13,33	0,0067	—-Iridium .	0,25	4	0,0012
Chrom	0,15	6,67	—	—-Rhodium	0,2	5	0,0017
Chromel	1,1	0,9	0,0001	—-Silber ..	0,25	4	0,0003
Eisen im Mittel ..	0,1	10	0,005	Quecksilber	0,958	1,04	0,0009
Eisen mit Si legiert	0,45	2,23	—	Rhodium ...	0,047	21,3	0,0044
Elektron im Mittel	0,07	14,4	—	Silber	0,0163	61,35	0,004
Germanium	890	0,0011	0,0014	Silicium	1000	0,001	—
Gold	0,024	41,67	0,004	Stahldraht ..	0,14	7,1	0,0045
Graphit	8,072	0,124	0,00045	Tantal......	0,13	7,7	0,0033
Gußeisen	≈1,0	≈ 1,0	0,0045	Titan	0,5	2	0,0042
Invarstahl......	0,75	1,33	0,002	Uran	0,32	3,125	0,0021
Iridium	0,05	20	0,0041	Vanadium ..	0,2	5	0,0035
Kadmium	0,068	14,71	0,0042	Wismut	1,1	0,91	0,0045
Kalzium	0,047	22,3	0,0042	Wolfram ...	0,055	18,8	0,0048
Kobalt	0,057	17,5	0,0066	Zäsium	0,2	5	0,005
Kohlenstoff	35,315	0,0283	0,00045	Zink	0,06	16,7	0,0042
Magnesium	0,044	22,7	0,0041	Zinn	0,11	9,1	0,0046
				Zirkonium ..	0,41	2,44	0,0044

Benennung	ϱ $\Omega\,mm^2m^{-1}$	$\varkappa$ $m\Omega^{-1}mm^{-2}$	α K^{-1}	Höchste Betriebstemper. °C
Nickelin (67% Cu, 30% Ni, 3% Mn)	0,4	2,5	0,0003	300
Manganin (86% Cu, 12% Mn, 2% Ni)	0,43	2,33	0,00001	300
Konstantan (54% Cu, 45% Ni, 1% Mn)	0,5	2,0	± 0,00003	400
Chromnickel	1,0...1,2	1...0,83	0,00003	1000
Megapyr (65% Fe, 30% Cr, 5% Al)	1,4	0,71	— 0,00003	1300
Kanthal	1,45	0,69	0,00006	1300

Gew.-%	$\varkappa$ in $\Omega^{-1}\,cm^{-1}$ (H_2O: $\varkappa = 10^{-8}\,\Omega^{-1}\,cm^{-1}$)							
	HNO_3	H_2SO_4	HCl	NaOH	KOH	$AgNO_3$	$CuSO_4$	NaCl
5	0,266	0,214	0,407	0,203	0,178	0,0267	0,0197	0,0701
10	0,474	0,402	0,650	0,322	0,327	0,0497	0,0334	0,1263
15	0,630	0,558	0,768	0,366	0,414	0,0712	0,0440	0,1712
20	0,731	0,672	0,785	0,348	0,519	0,0909	—	0,2041
25	0,791	0,739	0,745	0,292	0,563	0,1102	—	0,2232

Stoff	ϱ $\Omega\,cm^2cm^{-1}$	Stoff	ϱ $\Omega\,cm^2cm^{-1}$	Stoff	ϱ $\Omega\,cm^2cm^{-1}$
Bernstein	$> 10^{18}$	Kunstharze....	$10^8...10^{14}$	Porzellan	$3 \cdot 10^{14}$
Glas..........	$10^{13}...10^{14}$	Marmor	10^{10}	Schellack	10^{16}
Glimmer	$10^{15}...10^{17}$	Mipolam	10^{11}	Siegellack	$10^{15}...10^{16}$
Guttapercha...	10^9	Novotext	10^9	Transformatorenöl .	10^{13}
Hartgummi ...	$10^{15}...10^{18}$	Paraffin.......	10^{17}	Wachs	$6 \cdot 10^{14}$

Kurzzeichen	Einheit	Beziehungen
V	Volt	$1\,V = 1\,WA^{-1} = 1\,kg\,m^2A^{-1}\,s^{-3}$
A	Ampere	Basiseinheit
W	Watt	$1\,W = 1\,J\,s^{-1}$
Ω	Ohm	$1\,\Omega = 1\,VA^{-1}$
S	Siemens	$1\,S = 1\,V^{-1}\,A = 1\,\Omega^{-1}$
Wb	Weber	$1\,Wb = 1\,V\,s$
C	Coulomb	$1\,C = 1\,A\,s$
J	Joule	$1\,J = 1\,W\,s = 1\,N\,m$
H	Henry	$1\,H = 1\,\Omega\,s = 1\,Wb\,A^{-1}$
F	Farad	$1\,F = 1\,s\,\Omega^{-1} = 1V^{-1}\,A\,s = 1\,C\,V^{-1}$
T	Tesla	$1\,T = 1\,Wb\,m^{-2}$

Benennung	Formel-zeichen	SI-Einheit		Beziehungen
		Zeichen	Name	
Stromstärke	I	A	Ampere	Basiseinheit
Spannung	U	V	Volt	$1\,V = 1\,J\,C^{-1} = 1\,kg\,m^2\,A^{-1}s^{-3}$
Widerstand	R	Ω	Ohm	$1\,\Omega = 1\,V\,A^{-1}$
Elektrizitäts-menge	Q	C	Coulomb	$1\,C = 1\,As$
Stromarbeit	W	J	Joule	$1\,J = 1\,Nm = 1\,Ws$
Stromleistung	P	W	Watt	$1\,W = 1\,Js^{-1}$
Kapazität	C	F	Farad	$1\,F = 1\,s\,\Omega^{-1} = 1\,V^{-1}\,As = 1\,CV$
El. Feldstärke	E	$V\,m^{-1}$	Volt pro Meter	
Elektrische Flußdichte	D	$C\,m^{-2}$	Coulomb pro Quadrat-meter	$1\,Cm^{-2} = 1\,Asm^{-2}$
Magnetische Feldstärke	H	$A\,m^{-1}$	Ampere pro Meter	
Magnetische Flußdichte	B	T	Tesla	$1\,T = 1\,Wbm^{-2}$
Magnetischer Fluß	Φ	Wb	Weber	$1\,Wb = 1\,Vs$
Induktivität	L	H	Henry	$1\,H = 1\,WbA^{-1} = 1\,\Omega s$
Elektrischer Leitwert	G	S	Siemens	$1\,S = 1\,\Omega^{-1} = 1\,V^{-1}\,A$

Spannung internat. Weston-Normalelement 19.1.

Temp. °C	Spannung V	Temp. °C	Spannung V	Temp. °C	Spannung V
11	1,01874	17	1,01843	23	1,01817
12	1,01868	18	1,01839	24	1,01812
13	1,01863	19	1,01834	25	1,01807
14	1,01858	20	1,01830	26	1,01802
15	1,01853	21	1,01826	27	1,01797
16	1,01848	22	1,01822	28	1,01792

Elektrochemische Äquivalente 19.2.
Ein Strom von 1 A scheidet in 1 s aus:

Stoff	Zeichen	mg	Stoff	Zeichen	mg	cm³
Silber	Ag	1,1182	Wasserstoff (im Normzustand) ..	H_2	0,01045	0,1162
Quecksilber	Hg	1,0395	Sauerstoff (im Normzustand) ..	O_2	0,08292	0,0580
Kupfer	Cu	0,3294	Knallgas (im Normzustand) ..	$2H_2 + O_2$	0,09337	0,1743
Nickel	Ni	0,305				

Magnetische Eigenschaften wichtiger Werkstoffe 19.3.

Werkstoff	Anfangs- permeabilität μ_a	Größte Permeabilität μ_{max}	Koerzitiv- feldstärke A/cm	Remanenz T	Güteziffer $\frac{A}{cm} \cdot T$
Dynamostahl	70	4 200	1,2	1,0600	1,2720
Transformatorenblech	100	7 000	0,5	0,5200	0,2600
Permalloy (79% Ni + 21% Fe) ..	15 000	100 000	0,04	0,9000	0,0360
Kobaltstahl	—	10	275	0,9000	247,5000
Magnetstahl (Oerstit 900)	—		650	0,5500	357,5000

Dielektrizitätszahlen (ε_r) bei 20 °C 19.4.

Stoff	ε_{rel}	Stoff	ε_{rel}
Vakuum	1	Zellulose	5,5...6,7
Luft (bei 0° und 1013 mbar)..	1,00059	Porzellan	6
Wasserstoff (bei 0° u.1013 mbar)	1,00026	Kronglas	5,5...7
Helium	1,00007	Jenaer Glas	6,5
Petroleum..................	2,1	Flintglas	7,5...9
Papier	2,0...2,7	Glimmer	7,1...7,7
Benzol....................	2,2	Marmor	8,3
Gummi	2,2	Tantaloxid	11,5
Paraffin...................	2,3	Eis	16
Hartgummi	2,5...3,5	Azeton	21,5
Asphalt	2,7	Alkohol	25,8
Holz, Eiche	2,4...6,8	Glyzerin	56,2
Holz, Buche	2,5...3,6	Wasser bei 50° C	70,5
Bernstein	2,8	Wasser bei 20° C	80
Pertinax	4,0	Wasser bei 0° C	88
Äther	4,4	Kondensa C (rutilhaltig)	40...90
Rizinusöl	4,6	Rutil (Titandioxid)	
Quarz	4,7...5,1	⊥ zur Kristallachse	89
		‖ zur Kristallachse	173

Element	Zeichen	Ordnungszahl	Atommasse in u [1])	Dichte g/cm³	Schmelzpunkt °C	Siedepunkt °C
Actinium[1]	Ac	89	(227)	—	1050	—
Aluminium	Al	13	26,98154	2,7	660	2450
Americium[2]	Am	95	(243)	11,7	1100	1200
Antimon	Sb	51	121,75	6,69	630	1440
Argon	Ar	18	39,948	1,782 · 10⁻³ g/ml	— 190	— 186
Arsen	As	33	74,9216	5,72 metall.	subl.	616
Astatin[3]	At	85	(210)	—	—	—
Barium	Ba	56	137,34	3,5	704	1638
Berkelium[2]	Bk	97	(247)	—	—	—
Beryllium	Be	4	9,01218	1,85	1283	2970
Blei	Pb	82	207,2	11,34	327	1750
Bor	B	5	10,81	2,54	2040	2550
Brom	Br	35	79,904	3,12 flüssig	— 7,3	58
Cadmium	Cd	48	112,40	8,64	321	770
Calcium	Ca	20	40,08	1,545	851	1200
Californium[2]	Cf	98	(251)	—	—	—
Cäsium	Cs	55	132,9054	1,9	28,5	690
Cer	Ce	58	140,12	6,8	775	1400
Chlor	Cl	17	35,453	1,557 g/ml	— 101	— 34
Chrom	Cr	24	51,996	7,14	1903	2200
Curium[2]	Cm	96	(247)	7	1340	—
Dysprosium	Dy	66	162,50	8,56	1500	—
Einsteinium[2]	Es	99	(254)	—	—	—
Eisen	Fe	26	55,847	7,86	1525	2800
Erbium	Er	68	167,26	9,16	1525	—
Europium	Eu	63	151,96	5,22	1150	—
Fermium[2]	Fm	100	(257)	—	—	—
Fluor	F	9	18,99840	1,695 · 10⁻³ g/ml	— 218	— 188
Francium[3]	Fr	87	(223)	—	—	—
Gadolinium	Gd	64	157,25	7,94	1350	—
Gallium	Ga	31	69,72	5,91	30	1983
Germanium	Ge	32	72,59	5,35	937,6	2700
Gold	Au	79	196,9665	19,25	1063	2660
Hafnium	Hf	72	178,49	13,3	2227	>3200
Hahnium[2]	Ha	105	(260,261)	—	—	—
Helium	He	2	4,00260	0,018 · 10⁻³ g/ml	269,7	— 269
Holmium	Ho	67	164,9304	8,76	1500	—
Indium	In	49	114,82	7,30	156	2087
Iridium	Ir	77	192,22	22,42	2454	4450
Jod	J	53	126,9045	4,93	114	184
Kalium[1]	K	19	39,098	0,862	64	757
Kobalt	Co	27	58,9332	8,83	1490	3185
Kohlenstoff	C	6	12,011	3,51 Diamant / 2,25 Graphit	3550 / 3600	4200 / >4000
Kurtschatovium[2]	Ku	104	(257,259)	—	—	—
Krypton	Kr	36	83,80	3,708 · 10⁻³ g/ml	— 157,2	— 152,9
Kupfer	Cu	29	63,546	8,92	1083	2582
Lanthan	La	57	138,9055	6,15	880	1800
Lawrencium[2]	Lr	103	(260)	—	—	—
Lithium	Li	3	6,941	0,534	180	1326
Lutetium[1]	Lu	71	174,97	9,7	1700	—
Magnesium	Mg	12	24,305	1,74	650	1107
Mangan	Mn	25	54,9380	7,2	1244	2087
Mendelevium[2]	Md	101	(258)	—	—	—
Molybdän	Mo	42	95,94	10,2	2610	3700

[1]) 1 u = 1,6605655 · 10⁻²⁷ kg

Element	Zeichen	Ordnungszahl	Atommasse in u	Dichte g/cm³	Schmelzpunkt °C	Siedepunkt °C
Natrium	Na	11	22,98977	0,971	98	889
Neodym	Nd	60	144,24	6,9	1024	—
Neon	Ne	10	20,179	0,9002 · 10^{-3} g/ml	—248,6	—246
Neptunium²	Np	93	237,0482	20,2	640	—
Nickel	Ni	28	58,70	8,9	1452	2800
Niob	Nb	41	92,9064	8,55	1950	3300
Nobelium²	No	102	(255)	—	—	—
Osmium	Os	76	190,2	22,48	2700	4400
Palladium	Pd	46	106,4	11,97	1555	3560
Phosphor	P	15	30,97376	1,83 weiß	44	280
Platin	Pt	78	195,09	21,4	1769,3	4010
Plutonium³	Pu	94	(244)	19,74	639,5	—
Polonium¹	Po	84	(209)	9,32	254	962
Praseodym	Pr	59	140,9077	6,5	932	—
Promethium²	Pm	61	(145)	—	—	—
Protactinium¹	Pa	91	231,0359	15,37	< 1873	—
Quecksilber	Hg	80	200,59	13,55	—39	357
Radium¹	Ra	88	226,0254	5	700	1140
Radon¹	Rn	86	(222)	9,73 · 10^{-3} g/ml	—71	—61,9
Rhenium	Re	75	186,207	21,4	3147	—
Rhodium	Rh	45	102,9055	12,5	1966	3960
Rubidium¹	Rb	37	85,4678	1,52	39	679
Ruthenium	Ru	44	101,07	12,2	2500	4110
Samarium¹	Sm	62	150,4	6,93	1052	—
Sauerstoff	O	8	15,9994	1,4289 · 10^{-3} g/ml	—218,7	—182,97
Scandium	Sc	21	44,9559	3,02	1400	3900
Schwefel	S	16	32,06	2,07 rhomb.	113	444
Selen	Se	34	78,96	4,46 rot	144	736
Silber	Ag	47	107,868	10,50	960	2193
Silicium	Si	14	28,086	2,4 krist.	1410	2630
Stickstoff	N	7	14,0067	1,2506 · 10^{-3} g/ml	—210	—195,8
Strontium	Sr	38	87,62	2,63	771	1384
Tantal	Ta	73	180,9479	16,65	2977	4100
Technetium³	Tc	43	(97)	≈ 11,5	≈ 2300	—
Tellur	Te	52	127,60	6,25 krist.	452	1087
Terbium	Tb	65	158,9254	8,33	1450	—
Thallium	Tl	81	204,37	11,85	303,6	1457
Thorium¹	Th	90	232,0381	11,7	1750	> 3000
Thulium	Tm	69	168,9342	9,34	1600	—
Titan	Ti	22	47,90	4,5	1812	> 3000
Uran¹	U	92	238,029	19,0	1131	3818
Vanadium	V	23	50,9414	5,96	1730	3000
Wasserstoff	H	1	1,0079	0,08987 · 10^{-3} g/ml	—259,2	—252,78
Wismut	Bi	83	208,9804	9,80	271	1420
Wolfram	W	74	183,85	19,3	3380	6000
Xenon	Xe	54	131,30	5,85 · 10^{-3} g/ml	—111,9	—108,1
Ytterbium	Yb	70	173,04	7,01	1800	—
Yttrium	Y	39	88,9059	5,51	1490	4100
Zink	Zn	30	65,38	7,14	419	906
Zinn	Sn	50	118,69	7,31	232	2337
Zirconium	Zr	40	91,22	6,49	1860	2900

¹ Mindestens ein natürliches radioaktives Isotop.   ² Künstliches Element.
³ Natürliches Vorkommen wegen Instabilität sehr geringfügig. Praktische Gewinnung nur durch künstliche Kernumwandlungen.
(...) Isotop mit der längsten Halbwertszeit.

Physikalische Formeln

Mechanik

Mechanik der festen Körper

22.1.	Dichte und Wichte

ϱ Dichte, $[\varrho] = \text{kg m}^{-3}$*)

m Masse, $[m] = \text{kg}$

V Volumen, $[V] = \text{m}^3$

$$\varrho = \frac{m}{V} \qquad \text{Dichte}$$

γ Wichte, $[\gamma] = \text{N m}^{-3}$

F_G Gewichtskraft, $[F_G] = \text{N}$

V Volumen, $[V] = \text{m}^3$

g_n Normalbeschleunigung $= 9{,}80665 \text{ m s}^{-2}$

$$\gamma = \frac{F_G}{V}$$

$$\gamma = \varrho \cdot g_n \qquad \text{Wichte}$$

22.2.	Von den Kräften

p Druck, $[p] = \text{N m}^{-2}$

F Kraft, $[F] = \text{N}$

A Fläche, $[A] = \text{m}^2$

$$p = \frac{F}{A} \qquad \text{Druck}$$

F_R Reibungskraft, $[F_R] = \text{N}$

F_N Normalkraft, $[F_N] = \text{N}$

μ Reibungszahl

$$F_R = \mu \cdot F_N \qquad \text{Reibungskraft}$$

Durch mehrmaliges Anwenden des Kräfteparallelogramms kann man viele Kräfte F_1, F_2, ... zu einer Kraft F zusammensetzen. Besser ist das Krafteck, um F zu berechnen.

Kräfteparallelogramm   **Krafteck**

F_G Gewichtskraft, $[F_G] = \text{N}$

F_H Hangabtriebskraft, $[F_H] = \text{N}$

F_N Normalkraft, $[F_N] = \text{N}$

Schiefe Ebene

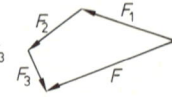

$$F_H = F_G \cdot \sin \alpha$$
$$F_N = F_G \cdot \cos \alpha$$

M Drehmoment, $[M] = \text{N m}$

F Kraft, $[F] = \text{N}$

l Länge, $[l] = \text{m}$

Die Summe der rechtsdrehenden Drehmomente ist gleich der Summe der linksdrehenden Momente.

$$\overset{\curvearrowright}{\sum M} = \overset{\curvearrowleft}{\sum M}$$

$$M = F \cdot l \qquad \text{Drehmoment}$$

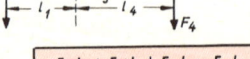

Hebelgesetz

$$F_1 \cdot l_1 + F_2 \cdot l_2 + F_3 \cdot l_3 = F_4 \cdot l_4$$

*) Ist G eine physikalische Größe, so bedeutet $[G]$: Einheit der Größe G.

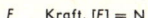

F Kraft, $[F] = N$

F_G Gewichtskraft, $[F_G] = N$

n Anzahl der Rollen

Reibungsverluste: 3...5% pro Rolle

Rolle

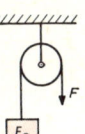
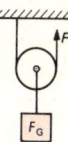

$$F = F_G$$

$$F = \frac{1}{2} F_G$$

Flaschenzug

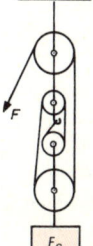

R Radius des großen Rades, $[R] = m$

r Radius des kleinen Rades, $[r] = m$

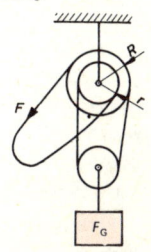

$$F = \frac{F_G}{n}$$

$$F = F_G \frac{R - r}{2 \cdot R}$$

Schraube

Die Schraubenlinie ist eine schiefe Ebene.

F_Q Preßkraft, $[F_Q] = N$

h Gewindesteigung, $[h] = m$

r Radius, $[r] = m$

F Drehkraft, $[F] = N$

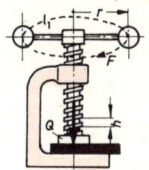

$$F = \frac{F_Q \cdot h}{2 \cdot r \cdot \pi}$$

Drehkraft

Fortschreitende Bewegung   **23.**

s Weg, $[s] = m$

v_0 Anfangsgeschwindigkeit, $[v_0] = m\,s^{-1}$

v_t Geschwindigkeit zur Zeit t, $[v_t] = m\,s^{-1}$

s_t Weg zur Zeit t, $[s_t] = m$

t Zeit, $[t] = s$

a Beschleunigung, $[a] = m\,s^{-2}$

$$v_t = \frac{ds}{dt}$$ Geschwindigkeit

$$a = \frac{dv}{dt} = \frac{d^2s}{dt^2}$$ Beschleunigung

$$v_t = v_0 \pm a \cdot t$$

$$s_t = v_0 \cdot t \pm \frac{1}{2} a \cdot t^2$$

$$v_t^2 = v_0^2 \pm 2 \cdot a \cdot s_t$$

Gleichförmig beschleunigte (+) oder verzögerte (−) Bewegung

s_t	Weg zur Zeit $t = h$ (Fallhöhe)
v_t	Geschwindigkeit zur Zeit t
h	Fallhöhe
g	Fallbeschleunigung $= 9{,}80665$ m s^{-2}
t	Zeit

$$v_t = g \cdot t$$
$$s_t = \frac{1}{2} g\, t^2 \qquad \text{Freier Fall}$$
$$v_t = \sqrt{2\, g\, h}$$

Schiefer Wurf

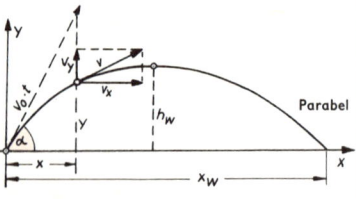

Parabel

v_0	Anfangsgeschwindigkeit (Geschwindigkeit zur Zeit Null)
v_x	waagerechte Komponente der Anfangsgeschwindigkeit v_0
v_y	senkrechte Komponente der Anfangsgeschwindigkeit v_0
α	Wurfwinkel
x	waagerechte Entfernung nach t Sekunden
y	senkrechte Entfernung nach t Sekunden
h_w	größte Steighöhe
x_w	Wurfweite
t_w	Wurfzeit für die Wurfweite x_w
t_{st}	Zeit für die Steighöhe h_w

Größte Wurfweite für $\sin 2\,\alpha = 1$, d. h. $\alpha = 45°$.

$$v_x = v_0 \cdot \cos \alpha \qquad x = v_0 \cdot \cos \alpha \cdot t$$
$$v_y = v_0 \cdot \sin \alpha - g\,t \qquad y = v_0 \cdot \sin \alpha \cdot t - \frac{g}{2}\, t^2$$

$$t_{st} = \frac{v_0 \cdot \sin \alpha}{g} \qquad \begin{array}{l}\text{Steigzeit}\\ \text{Fallzeit}\end{array}$$

$$h_w = \frac{v_0^2 \cdot \sin^2 \alpha}{2\, g} \qquad \text{Steighöhe}$$

$$t_w = \frac{2\, v_0 \cdot \sin \alpha}{g} \qquad \text{Wurfzeit}$$

$$x_w = \frac{v_0^2 \cdot \sin 2\,\alpha}{g} \qquad \text{Wurfweite}$$

F	Kraft, $[F] = $ N
m	Masse, $[m] = $ kg
a	Beschleunigung, $[a] = $ m s^{-2}
F_{tr}	Trägheitswiderstand, $[F_{tr}] = $ N
F	Gravitationskraft, $[F] = $ N
f	Gravitationskonstante $= 6{,}670 \cdot 10^{-11}$; $[f] = $ m^3 kg^{-1} s^{-2}
m_1 und m_2	= anziehende Massen
r	Entfernung der Schwerpunkte, $[r] = $ m

$$F = m \cdot a \qquad \text{Grundgesetz der Mechanik}$$

$$F_{tr} = -m \cdot a \qquad \text{Trägheitswiderstand}$$

$$F = f\,\frac{m_1 \cdot m_2}{r^2} \qquad \text{Gravitation}$$

W	Arbeit, $[W] = J$	$W = F \cdot s$ Arbeit
W_a	Beschleunigungsarbeit, um einen Körper von der Masse m und der Geschwindigkeit v_0 nach t Sekunden auf die Geschwindigkeit v_t zu bringen	$W_a = \frac{m}{2} v_t^2 - \frac{m}{2} v_0^2$ Beschleunigungsarbeit
W_{kin}	Bewegungsenergie, $[W_{kin}] = J$	$W_{kin} = \frac{m}{2} v^2$ Bewegungsenergie (Arbeit)
v	Geschwindigkeit $[v] = m\,s^{-1}$	
P	Leistung, $[P] = W = J\,s^{-1}$	
t	Zeit, $[t] = s$	$P = \frac{W}{t} = \frac{F \cdot s}{t} = F \cdot v$ Leistung
s	Weg, $[s] = m$	
F	Kraft, $[F] = N$	

W   Arbeit, $[W] = J$

$$W = F \cdot s \quad \text{Arbeit}$$

W_a Beschleunigungsarbeit, um einen Körper von der Masse m und der Geschwindigkeit v_0 nach t Sekunden auf die Geschwindigkeit v_t zu bringen

$$W_a = \frac{m}{2} v_t^2 - \frac{m}{2} v_0^2 \quad \text{Beschleunigungsarbeit}$$

W_{kin} Bewegungsenergie, $[W_{kin}] = J$

$$W_{kin} = \frac{m}{2} v^2 \quad \text{Bewegungsenergie (Arbeit)}$$

v Geschwindigkeit $[v] = m\,s^{-1}$

P Leistung, $[P] = W = J\,s^{-1}$

t Zeit, $[t] = s$

s Weg, $[s] = m$

F Kraft, $[F] = N$

$$P = \frac{W}{t} = \frac{F \cdot s}{t} = F \cdot v \quad \text{Leistung}$$

η Wirkungsgrad

P_e effektive Leistung, Nutzleistung

P_i indizierte Leistung, Nennleistung

$$\eta = \frac{P_e}{P_i} \quad \text{Wirkungsgrad}$$

$F \cdot t$ Stoß (Kraft × Zeit), $[F \cdot t] = N\,s$

$$F \cdot t = m \cdot v \quad \text{Stoß} \; \hat{=} \; \text{Impuls}$$

$m \cdot v$ Impuls, Bewegungsgröße (Masse × Geschwindigkeit)

v_0 Anfangsgeschwindigkeit

v_t Geschwindigkeit zur Zeit t

$$F \cdot t = m \, (v_t - v_0)$$

$$F \cdot t^2 = m \, (s - v_0 \, t)$$

$$F \cdot s = \frac{m}{2} \, (v_t^2 - v_0^2)$$

Stoß + Rückstoß = 0

$$m_1 \cdot v_1 + m_2 \cdot v_2 = 0 \quad \text{Impulssatz}$$

m_1, m_2 Massen zweier Körper

v_1, v_2 Geschwindigkeiten zweier Körper vor dem Stoß

v Geschwindigkeit beider Körper nach dem unelastischen Stoß

$$v = \frac{m_1 \cdot v_1 + m_2 \cdot v_2}{m_1 + m_2} \quad \text{Unelastischer Stoß}$$

v_1', v_2' Geschwindigkeiten beider Körper nach dem elastischen Stoß

$$v_1' = \frac{v_1 \, (m_1 - m_2) + 2 v_2 m_2}{m_1 + m_2}$$

$$v_2' = \frac{v_2 \, (m_2 - m_1) + 2 v_1 m_1}{m_1 + m_2}$$

Elastischer Stoß

Drehbewegung   25.

ω Winkelgeschwindigkeit, $[\omega] = rad\,s^{-1}$

φ Drehwinkel, $[\varphi] = rad$

t Zeit, $[t] = s$

$$\omega = \frac{\varphi}{t}$$
$$\omega = 2\pi n \quad \text{Winkelgeschwindigkeit}$$

n Drehzahl, $[n] = s^{-1}$

T Umlaufzeit, $[T] = s$

$$n = \frac{1}{T} \quad \text{Drehzahl}$$

$$T = \frac{1}{n} \quad \text{Umlaufzeit}$$

α	Winkelbeschleunigung, $[\alpha] = \text{rad s}^{-2}$	
ω_0	Winkelgeschwindigkeit am Anfang, $[\omega_0] = \text{rad s}^{-1}$	
ω_t	Winkelgeschwindigkeit nach der Zeit t, $[\omega_t] = \text{rad s}^{-1}$	
n_0	Anfangsumdrehungszahl, $[n_0] = \text{s}^{-1}$	
n_t	Umdrehungszahl nach der Zeit t, $[n_t] = \text{s}^{-1}$	
r	Abstand vom Drehmittelpunkt, $[r] = \text{m}$	
v	Bahngeschwindigkeit, $[v] = \text{m s}^{-1}$	
a	Bahnbeschleunigung, $[a] = \text{m s}^{-2}$	

$$\alpha = \frac{\omega_t - \omega_0}{t}$$

$$\alpha = 2\,\pi\,\frac{n_t - n_0}{t}$$

Winkelbeschleunigung

$$s = r \cdot \varphi$$
$$v = r \cdot \omega \qquad \text{Bahngeschwindigkeit}$$
$$a = r \cdot \alpha \qquad \text{Bahnbeschleunigung}$$

F_r	Zentripetalkraft (Fliehkraft), $[F_r] = \text{N}$	
n	Drehzahl, $[n] = \text{s}^{-1}$	
T	Umlaufzeit, $[T] = \text{s}$	

$$F_r = \frac{m \cdot v^2}{r}$$

$$F_r = m \cdot r \cdot \omega^2$$

$$F_r = 4\,\pi^2 \cdot m \cdot r \cdot n^2$$

$$F_r = \frac{4\,\pi^2 \cdot m \cdot r}{T^2}$$

Radialkraft, Zentripetalkraft (Fliehkraft)

a_r — Radialbeschleunigung, Zentripetalbeschleunigung, $[a_r] = \text{m s}^{-2}$

$$a_r = \frac{v^2}{r} = v \cdot \omega$$

$$a_r = r \cdot \omega^2$$

$$a_r = 4\,\pi^2 \cdot r \cdot n^2$$

$$a_r = \frac{4\,\pi^2 \cdot r}{T^2}$$

Radial- oder Zentripetalbeschleunigung

T_1, T_2	Umlaufzeiten zweier Planeten	
r_1, r_2	mittlere Entfernung von der Sonne	
J	Trägheitsmoment, $[J] = \text{kg m}^2$	
$m_1, m_2 \ldots$	Teilmassen	
$r_1, r_2 \ldots$	Abstand der Teilmassen vom Drehmittelpunkt	

$$\frac{T_1^2}{T_2^2} = \frac{r_1^3}{r_2^3} \qquad \text{3. Keplersches Gesetz}$$

$$J = m_1 r_1^2 + m_2 r_2^2 + \ldots + = \int r^2\, dm$$

Trägheitsmoment

M	Drehmoment, $[M] = \text{N m}$	
α	Winkelbeschleunigung, $[\alpha] = \text{rad s}^{-2}$	
A	Dreharbeit, $[A] = \text{J}$	
φ	Drehwinkel, $[\varphi] = \text{rad}$	
ω	Winkelgeschwindigkeit, $[\omega] = \text{rad s}^{-1}$	

$$M = J \cdot \alpha \qquad \text{Drehmoment}$$

$$A = M \cdot \varphi \qquad \text{Dreharbeit}$$

$$W_{rot} = \frac{J}{2} \cdot \omega^2 \qquad \text{Drehenergie}$$

t	Zeit, $[t] = \text{s}$	
P	Leistung bei der Drehung, $[P] = \text{W} = \text{J s}^{-1}$	
W_{rot}	Drehenergie, $[W_{rot}] = \text{J} = \text{W s}$	
L	Drehimpuls, $[L] = \text{Nms rad}$ $= \text{rad kg m}^2 \text{ s}^{-1}$	

$$P = \frac{M \cdot \varphi}{t} \qquad \text{Drehleistung}$$

$$L = J \cdot \omega \qquad \textbf{Drehimpuls, Impulsmoment (Drall)}$$

Mechanik der Flüssigkeiten und Gase

Ruhende Flüssigkeiten

p Druck (hydrostatischer), $[p] = \text{N m}^{-2}$
F Kraft, $[F] = \text{N}$
A Fläche, $[A] = \text{m}^2$
h Druckhöhe, $[h] = \text{m}$
γ Wichte der Flüssigkeit, $[\gamma] = \text{N m}^{-3}$
p_0 äußerer Druck, $[p_0] = \text{N m}^{-2}$
ϱ Dichte der Flüssigkeit, $[\varrho] = \text{kg m}^{-3}$
F_A Auftriebskraft, $[F_A] = \text{N}$
V Volumen der verdrängten Flüssigkeit, $[V] = \text{m}^3$
g Fallbeschleunigung, $[g] = \text{m s}^{-2}$
η Wirkungsgrad

$$p = \frac{F}{A} = h \cdot \gamma = h \cdot \varrho \cdot g \qquad \text{Druck}$$

$$p = p_0 + h \cdot \gamma$$

$$F_A = V \cdot \gamma \qquad \text{Auftriebskraft}$$

Hydraulische Presse

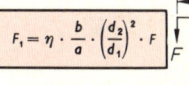
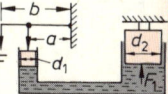

$$F_1 = \eta \cdot \frac{b}{a} \cdot \left(\frac{d_2}{d_1}\right)^2 \cdot F$$

Strömende Flüssigkeiten

V Volumen der Flüssigkeit, $[V] = \text{m}^3$
v, v_1, v_2 Geschwindigkeiten der strömenden Flüssigkeit, $[v] = \text{m s}^{-1}$
h Druckhöhe, $[h] = \text{m}$
ϱ Dichte, $[\varrho] = \text{kg m}^{-3}$
γ Wichte, $[\gamma] = \text{N m}^{-3}$
m Masse, $[m] = \text{kg}$
p, p_1, p_2 Drücke (hydrostatische), $[p] = \text{N m}^{-2}$
g Fallbeschleunigung, $[g] = \text{m s}^{-2}$
A Fläche der Ausflußöffnung, $[A] = \text{m}^2$
t Zeit, $[t] = \text{s}$

$$p \cdot V + m \cdot g \cdot h + \frac{1}{2} m \cdot v^2 = \text{const.}$$

$$p + \varrho \cdot g \cdot h + \frac{1}{2} \varrho \cdot v^2 = \text{const.}$$

$$\frac{v^2}{2g} + \frac{p}{\varrho \cdot g} + h = \text{const.}$$

$$p_1 + \frac{\gamma \cdot v_1^2}{2g} = p_2 + \frac{\gamma \cdot v_2^2}{2g} = \text{const.}$$

Druckgleichung (Bernoulli)

Wegen der Kontraktion des Strahles ist die Ausflußmenge praktisch kleiner. Der Erfahrungskoeffizient beträgt für Wasser 0,6.

$$v = \sqrt{2 g \cdot h} \qquad \text{Ausflußgeschwindigkeit}$$

$$V = A \cdot t \cdot \sqrt{2 g \cdot h} \qquad \begin{array}{l}\text{Ausflußvolumen}\\\text{(theoretisch)}\end{array}$$

A_1, A_2 Strömungsquerschnitte

$$A_1 : A_2 = v_2 : v_1 \qquad \text{Kontinuitätsgleichung}$$

p_a Gesamtdruck
p hydrostatischer Druck, $[p] = \text{N m}^{-2}$
$p_a - p$ Staudruck, hydrodynamischer Druck

$$p_a - p = \frac{1}{2} \varrho \cdot v^2 \qquad \text{Staudruck}$$

$$v = \sqrt{\frac{2(p_a - p)}{\varrho}}$$

$$v = \sqrt{\frac{2g}{\gamma}(p_a - p)}$$

Geschwindigkeit strömender Flüssigkeiten

F Strömungswiderstand, $[F] = \text{N}$
c_w Widerstandbeiwert, ist von der Gestalt des Körpers abhängig

$$F = c_w \cdot \frac{\varrho \cdot v^2}{2} \cdot A \qquad \text{Strömungswiderstand}$$

A Querschnitt senkrecht zur Strömung, $[A] = \text{m}^2$
E Energie einer strömenden Flüssigkeit, $[E] = \text{J} = \text{Ws}$

$$E = p \cdot V + \frac{m}{2} v^2$$

$$E = \left(p + \frac{1}{2} \varrho \cdot v^2\right) \cdot V$$

Strömungsenergie

28.1. Ruhende Gase

V, V_1, V_2 Gasvolumen, $[V] = m^3$

p, p_1, p_2 Gasdrücke, $[p] = N\ m^{-2}$

m Masse des Gases, $[m] = kg$

ϱ_0 normale Gasdichte, $[\varrho_0] = kg\ m^{-3}$

V_0 Normvolumen bei 0 °C und

     $p_0 = 1013\ mbar$

M, M' relative Molekülmassen

$\varrho, \varrho_1, \varrho_2$ Gasdichten, $[\varrho] = kg\ m^{-3}$

γ Raumausdehnungszahl = $1/273\ K^{-1}$

t Temperatur, $[t] = K$

p_0 Normaldruck bei 0 °C und 1013 mbar

R allgemeine Gaskonstante

     $8,314\ N\ m\ mol^{-1}\ K^{-1}$

     $8,314\ J\ mol^{-1}\ K^{-1}$

T absolute Temperatur, $[T] = K$

v Durchschnittsgeschwindigkeit der

     Moleküle eines idealen Gases,

     $[v] = m\ s^{-1}$

m_M Kilomolmasse, $[m_M] = kg$

     Für einen Stoff mit der Molekülmasse M

     im m kg s-System ist $m_M = M$, $[M] = kg$

$$V \cdot p = const$$
$$V_1 : V_2 = p_2 : p_1$$
Boyle-Mariottesches Gesetz

$$\varrho_0 = \frac{m}{V_0}$$ Normale Gasdichte

$$\varrho_0 : \varrho'_0 = M : M'$$ relative Molekülmassen

$$\varrho_2 : \varrho_1 = p_2 : p_1$$ Dichte-Druck

$$V = V_0 + V_0 \cdot \gamma \cdot t$$ Gasausdehnung

$$p = p_0 + p_0 \cdot \gamma \cdot t$$ Gasdruck

$$p = \frac{1}{3} \varrho \cdot v^2$$

$$V \cdot p = R \cdot T$$ Zustandsgleichung

$$v = \sqrt{\frac{3R}{m_M} \cdot T}$$ Molekulargeschwindigkeit

28.2. Strömende Gase

Für strömende Gase gelten die gleichen Gesetze wie für strömende Flüssigkeiten, solange die Strömungsgeschwindigkeiten den Betrag von etwa 50 m s⁻¹ und die vorkommenden Höhenunterschiede den Betrag von etwa 100 m nicht überschreiten. In den meisten Fällen trifft das zu.

F Auftrieb, $[F] = N$

c_a Auftriebsbeiwert, ist vom Anstellwinkel am Tragflügel abhängig

ϱ Luftdichte, $[\varrho] = kg\ m^{-3}$

v Geschwindigkeit der Luft, $[v] = m\ s^{-1}$

A Oberfläche des Flügels, $[A] = m^2$ (Grundriß)

$$F = c_a \frac{\varrho \cdot v^2}{2} \cdot A$$ Auftrieb am Tragflügel

Mechanische Wellen (Akustik)

28.3. Schwingungen

T Schwingungsdauer, $[T] = s$

m Masse, $[m] = kg$

D Federkonstante, $[D] = kg\ s^{-2}$

F Zugkraft an der Feder, $[F] = N$

x Federverlängerung, $[x] = m$

Federpendel

$$F = D \cdot x$$

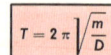
$$T = 2\pi \sqrt{\frac{m}{D}}$$

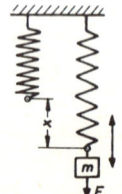

Kegelpendel

ω Winkelgeschwindigkeit, $[\omega] = \text{rad s}^{-1}$

g Fallbeschleunigung, $[g] = \text{m s}^{-2}$

l Fadenlänge, $[l] = \text{m}$

$$T = 2\pi\sqrt{\frac{h}{g}} = 2\pi\sqrt{\frac{l \cdot \cos\alpha}{g}}$$

$$\tan\alpha = \frac{r \cdot \omega^2}{g} = \frac{r}{h}$$

$$\omega = \sqrt{\frac{g}{h}}$$

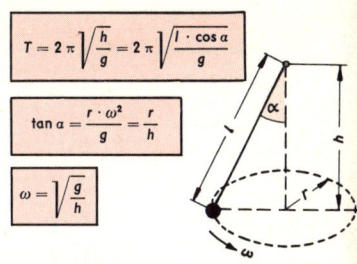

Mathematisches Pendel

v_B Geschwindigkeit in B, $[v_B] = \text{m s}^{-1}$

v_C Geschwindigkeit in C

E_B Bewegungsenergie in B, $[E_B] = \text{N m} = \text{J}$

$$T = 2\pi\sqrt{\frac{l}{g}}$$

$$v_B = a\sqrt{\frac{g}{l}}$$

$$v_C = \sqrt{\frac{g}{l}(a^2 - b^2)}$$

$$E_B = m \cdot g \cdot \frac{a^2}{2 \cdot l}$$

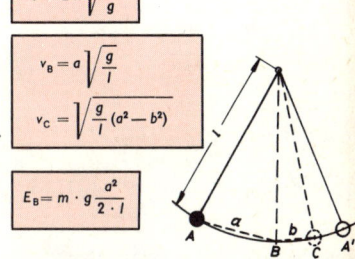

Physikalisches Pendel

J_0 Trägheitsmoment, bezogen auf den Drehpunkt 0, $[J_0] = \text{kg m}^2$

J_s Trägheitsmoment, bezogen auf den Schwerpunkt S

S Schwerpunkt

F_G Gewichtskraft des Pendels, $[F_G] = \text{N}$

$$T = 2\pi\sqrt{\frac{J_0}{G \cdot l}}$$

$$J_0 = F_G \cdot l\left(\frac{T^2}{4\pi^2} - \frac{l}{g}\right)$$

$$J_0 = J_s + m \cdot l^2$$

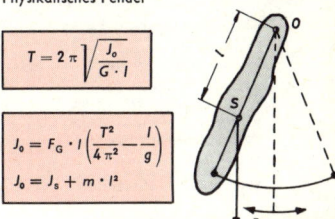

Wellen — Schall	29.

c Fortpflanzungsgeschwindigkeit, $[c] = \text{m s}^{-1}$

λ Wellenlänge, $[\lambda] = \text{m}$

T Schwingungsdauer, $[T] = \text{s}$

f Frequenz (Schwingungszahl), $[f] = \text{s}^{-1}$

ϱ Dichte des Saitenmaterials, $[\varrho] = \text{kg m}^{-3}$

E Elastizitätsmodul des Saitenmaterials, $[E] = \text{N m}^{-2}$

$$c = \frac{\lambda}{T} = f \cdot \lambda$$

$$c = \sqrt{\frac{E}{\varrho}}$$

Fortpflanzungsgeschwindigkeit

Δl	Verlängerung, $[\Delta l] = m$
α	Längenausdehnungskoffizient, $[\alpha] = K^{-1}$
t	Temperaturerhöhung, $[t] = K^{-1}$
l_0	ursprüngliche Länge vor der Temperaturerhöhung, $[l_0] = m$
l_t	Länge bei der Temperatur t, $[l_t] = m$
V_0	Ausgangsvolumen, $[V_0] = m^3$
V_t	Volumen bei der Temperatur t, $[V_t] = m^3$
ϱ_0	Dichte bei 0 °C, $[\varrho_0] = kg\ m^{-3}$
ϱ_t	Dichte bei t °C
γ_0	Wichte bei 0 °C, $[\gamma_0] = N\ m^{-3}$
γ_t	Wichte bei t °C
p_1, p_2	Gasdrücke, $[p] = N\ m^{-2}$
V_1, V_2	Gasvolumen, $[V] = m^3$
T_1, T_2	Temperaturen der Gase, $[T] = K$
Q	Wärmemenge, $[Q] = J$
c	spez. Wärmekapazität fester Körper, $[c] = J\ kg^{-1}\ K^{-1}$
m	Masse des Körpers, $[m] = kg$
t_1, t_2	Temperaturen, $[t] = K$
Q_0	Wärmeinhalt = Wärmemenge, die notwendig ist, um einen Körper von 0 K auf t K zu erwärmen, $[Q_0] = J$
A	Ausdehnungsarbeit, $[A] = J$
c_v	spezifische Wärmekapazität bei konstantem Volumen V, $[c_v] = J\ kg^{-1}\ K^{-1}$
c_p	spezifische Wärmekapazität bei konstantem Druck p
R	universelle Gaskonstante $= 8{,}31434\ J\ mol^{-1}\ K^{-1}$
R_s	spezifische Gaskonstante (individuelle Gaskonstante) R/m_m, $[R_s] = J\ kg^{-1}\ K^{-1}$
m_m	molare Masse des Gases, $[m_m] = kg$
T	Temperatur, $[T] = K$

$$\Delta l = a \cdot l_0 \cdot t$$
$$l_t = l_0 (1 + a\,t)$$
Längenausdehnung

$$V_t = V_0 (1 + 3\,a\,t)$$
Raumausdehnung

$$\varrho_t = \frac{\varrho_0}{1 + 3\,a \cdot t}$$
Dichteänderung

$$\gamma_t = \frac{\gamma_0}{1 + 3\,a \cdot t}$$
Wichteänderung

$$\frac{p_1 \cdot V_1}{T_1} = \frac{p_2 \cdot V_2}{T_2}$$
Zustandsgleichung der Gase

$$Q = m \cdot c\,(t_2 - t_1)$$
Wärmemenge

$$Q_0 = m \cdot c \cdot t$$
Wärmeinhalt

$$A = c_p - c_v$$
Ausdehnungsarbeit

$$\gamma = \frac{c_p}{c_v}$$

$$p \cdot V^\gamma = \text{const}$$
Poissonsches Gesetz

$$c = \sqrt{\gamma \cdot R_s \cdot T}$$
Schallgeschwindigkeit in Gasen

31.

Elektrische Einheiten

Q Elektrizitätsmenge, Ladung $[Q] = C$ (Coulomb)	1 C ist die Elektrizitätsmenge, die bei einem zeitlich unveränderlichen Strom der Stärke 1 A in 1 s durch den Leiterquerschnitt fließt. $1 A = 6,25 \cdot 10^{18}$ Elektronen je Sekunde
U Elektrische Spannung $[U] = V$ (Volt)	1 V ist gleich der elektrischen Spannung oder elektrischen Potentialdifferenz zwischen zwei Punkten eines fadenförmigen, homogenen und gleichmäßig temperierten metallischen Leiters, in dem bei einem zeitlich unveränderlichen elektrischen Strom der Stärke 1 A zwischen den beiden Punkten die Leistung 1 W umgesetzt wird
I Elektrische Stromstärke $[I] = A$ (Ampere)	1 A ist die Stärke eines zeitlich unveränderlichen elektrischen Stromes, der, durch zwei im Vakuum parallel im Abstand 1 Meter voneinander angeordnete, geradlinige, unendlich lange Leiter von vernachlässigbar kleinem, kreisförmigem Querschnitt fließend, zwischen diesen Leitern je 1 Meter Leiterlänge elektrodynamisch die Kraft $\frac{1}{5000000}$ Kilogrammeter durch Sekundequadrat hervorrufen würde
R Elektrischer Widerstand $[R] = \Omega$ (Ohm)	1 Ohm ist gleich dem elektrischen Widerstand zwischen zwei Punkten eines fadenförmigen, homogenen und gleichmäßig temperierten metallischen Leiters, durch den bei der elektrischen Spannung 1 V zwischen den beiden Punkten ein zeitlich unveränderlicher elektrischer Strom der Stärke 1 A fließt
C Kapazität $[C] = F$ (Farad) $1 F = 10^6 \mu F = 10^{12} pF$	1 Farad ist gleich der Kapazität eines Kondensators, der, mit 1 Coulomb geladen, eine Spannung von 1 V besitzt
P Elektrische Leistung $[P] = W$ (Watt)	1 Watt ist gleich der Leistung, bei der während der Zeit 1 s die Energie 1 J umgesetzt wird
W Elektrische Arbeit $[W] = J$ (Joule) $= Ws$ (Wattsekunde)	1 Wattsekunde ist gleich der elektrischen Arbeit eines Stromes, der 1 Sekunde lang 1 Watt leistet
L Induktivität $[L] = H$ (Henry)	1 Henry ist gleich der Induktivität einer geschlossenen Windung, die, von einem elektrischen Strom der Stärke 1 A durchflossen, im Vakuum den magnetischen Fluß 1 Wb umschlingt
f Frequenz $[f] = Hz$ (Hertz) $\omega = 2 \pi f$ (Kreisfrequenz)	Die Frequenz gibt an, wieviel Perioden ein Wechselstrom in 1 Sekunde macht

Q_1, Q_2 Elektrizitätsmengen, Ladung, $[Q] = C = As$

$$F = \frac{1}{4 \cdot \pi \cdot \varepsilon_r \cdot \varepsilon_0} \cdot \frac{Q_1 \cdot Q_2}{r^2}$$ Coulombsches Gesetz

r Abstand, $[r] = m$

F Kraft zwischen zwei Punktladungen, $[F] = N$

ε_r Dielektrizitätszahl

ε_0 elektrische Feldkonstante $8,854185 \cdot 10^{-12}$ A s V^{-1} m^{-1}

E elektrische Feldstärke, $[E] = V\,m^{-1}$

$$E = \frac{F}{Q}$$ Elektr. Feldstärke

C Kapazität, $[C] = F = A\,s\,V^{-1}$

$$C = \frac{Q}{U}$$ Kapazität

Q Elektrische Ladung

U Elektrische Spannung, $[U] = V$

$$C = \frac{\varepsilon_r \cdot \varepsilon_0 \cdot A}{a}$$

A einseitige Plattenfläche, $[A] = m^2$

a Dicke der Isolierschicht, Abstand der Platten, $[a] = m$

E aufgespeicherte Energie eines geladenen Kondensators, $[E] = V\,A\,s = W\,s = J$

$$E = \frac{1}{2} C \cdot U^2$$
$$= \frac{1}{2} \cdot \frac{Q^2}{C}$$ Energie

Kondensatoren

parallel   in Serie

C_1, C_2, C_3 Kapazitäten, $[C] = A\,s\,V^{-1} = F$

$$C = C_1 + C_2 + C_3$$

$$\frac{1}{C} = \frac{1}{C_1} + \frac{1}{C_2} + \frac{1}{C_3}$$

F	Kraft, $[F] = N$
μ_0	magnetische Feldkonstante $= 1,257 \cdot 10^{-6} \ \mathrm{VsA^{-1} \, m^{-1}}$
l	Leiterlänge, $[l] = m$
a	Leiterabstand, $[a] = m$
I_1, I_2	Leiterströme $[I] = A$

$$F = \frac{\mu_0}{2\pi} \cdot \frac{l}{a} \cdot I_1 I_2$$

Kraft auf einen von zwei parallelen stromdurchflossenen Leitern

H	magnetische Feldstärke, $[H] = A \, m^{-1}$
B	magnetische Flußdichte, $[B] = Wb \, m^{-2}$ $= V \, s \, m^{-2}$
I	Stromstärke, $[I] = A$
l	Länge des stromdurchflossenen Leiterstückes, $[L] = m$

$$F = B \cdot I \cdot l$$
$$F = \mu_0 \cdot H \cdot I \cdot l$$

Magn. Kraft

Φ	magnetischer Fluß, $[\Phi] = Wb = V \, s$
A	Querschnittfläche, $[A] = m^2$

$$\Phi = \mu_0 \cdot H \cdot A$$
$$= B \cdot A$$

Magn. Fluß

U	Spannung, $[U] = V$
I	Stromstärke, $[I] = A$
R	Widerstand, $[R] = \Omega = V \, A^{-1}$
ϱ	spez. elektr. Widerstand, $[\varrho] = \Omega \, m$
$\varkappa$	Leitfähigkeit, $[\varkappa] = \Omega^{-1} \, m^{-1}$ In Tabellen sind für ϱ bzw. für $\varkappa$ häufig die Einheiten $\Omega \, mm^2 \, m^{-1}$ bzw. $m\Omega^{-1} \, mm^{-2}$ angegeben. Beim Einsetzen dieser Werte in obige Dimensionen muß man den Wert mit 10^{-6} bei ϱ und mit 10^6 bei $\varkappa$ multiplizieren.
α	Elektrischer Temperaturkoeffizient, $[\alpha] = K^{-1}$
l	Leitungslänge, $[l] = m$
A	Querschnitt, $[A] = m^2$
R_{20}	Widerstand bei 20 °C

$$U = I \cdot R$$ Ohmsches Gesetz

$$R = \frac{\varrho \cdot l}{A} = \frac{l}{\varkappa \cdot A}$$ Widerstand

$$R_t = R_{20} \, [1 + \alpha \, (t - 20 \, °C)]$$ Widerstand bei der Temperatur t (in °C)

Widerstände

hintereinander   parallel

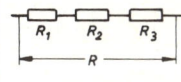   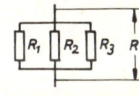

R	Gesamtwiderstand
R_1, R_2, R_3	Teilwiderstände

$$R = R_1 + R_2 + R_3$$

$$\frac{1}{R} = \frac{1}{R_1} + \frac{1}{R_2} + \frac{1}{R_3}$$

I	zufließender Strom
I_1, I_2, I_3	abfließende Ströme

$$I = I_1 + I_2 + I_3$$

Kirchhoffsches Gesetz

W	elektrische Arbeit, $[W] = V\,A\,s = W\,s = J$
Q	Ladung, $[Q] = C = A\,s$
U	Spannung, $[U] = V$
P	elektrische Leistung (Gleichstrom) $[P] = J\,s^{-1} = V\,A = W$
t	Zeit, $[t] = s$
I	Stromstärke, $[I] = A$

$$W = Q \cdot U = I \cdot U \cdot t \qquad \text{Elektrische Arbeit}$$

$$P = \frac{W}{t} = \frac{Q}{t} \cdot U = I \cdot U = I^2 \cdot R \qquad \text{Leistung}$$

W	Stromwärme, $[W] = J = W\,s$
R	Widerstand, $[R] = \Omega = V\,A^{-1}$

$$W = I \cdot U \cdot t = I^2 \cdot R \cdot t = \frac{U^2}{R}\,t \qquad \begin{array}{l}\text{Stromwärme,}\\\text{Elektrische}\\\text{Arbeit}\end{array}$$

U	erzeugte Spannung, $[U] = V$
Φ	magnetischer Fluß, $[\Phi] = V\,s$
f	Ankerdrehzahl, Frequenz, $[f] = s^{-1}$
N	Windungszahl
B	magnetische Flußdichte, $[B] = V\,s\,m^{-2}$
A	Fläche einer Windung, $[A] = m^2$
L	Selbstinduktivität, $[L] = V\,s\,A^{-1}$
I	Stromstärke, $[I] = A$
X_L	induktiver Widerstand, $[X_L] = V\,A^{-1} = \Omega$
X_c	kapazitiver Widerstand, $[X_c] = V\,A^{-1} = \Omega$
C	Kapazität, $[C] = A\,s\,V^{-1}$

$$U = 4{,}44\,N \cdot \Phi \cdot f = 4{,}44\,N \cdot A \cdot B \cdot f$$

$$U = 2\,\pi \cdot f \cdot L \cdot I = X_i \cdot I$$

$$X_L = 2\,\pi \cdot f \cdot L = \omega \cdot L$$

$$I = 2\,\pi \cdot f \cdot C \cdot U \qquad \text{Kondensatorstrom}$$

$$X_c = \frac{1}{2\,\pi \cdot f \cdot C} = \frac{1}{\omega \cdot C}$$

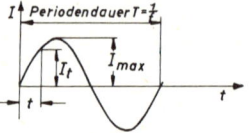

I_t	Strom zur Zeit t
U_t	Spannung zur Zeit t
ω	$2\,\pi \cdot f$ (Kreisfrequenz)
α	durchlaufener Winkel nach t Sekunden
R	Ohmscher Widerstand, $[R] = \Omega$ (Wirkwiderstand)
W	elektrische Arbeit eines Wechselstromes, Stromwärme, $[W] = J$

$$I_t = I_{max} \cdot \sin \omega\,t = I_{max} \cdot \sin \alpha$$
$$U_t = U_{max} \cdot \sin \omega\,t = U_{max} \cdot \sin \alpha$$

$$I_{eff} = \frac{I_{max}}{\sqrt{2}}; \qquad U_{eff} = \frac{U_{max}}{\sqrt{2}}$$

$$W = R \cdot I^2_{eff} \qquad \text{Elektrische Arbeit, Stromwärme}$$

$|Z|$	Scheinwiderstand
X	Blindwiderstand $= X_L - X_c$ $= \omega \cdot L - \dfrac{1}{\omega \cdot C}$

$$|Z| = \sqrt{R^2 + \left(\omega \cdot L - \frac{1}{\omega \cdot C}\right)^2} = \sqrt{R^2 + X^2}$$

W_m	magnetische Energie, $[W_m] = J$

$$W_m = \frac{1}{2}\,L \cdot I^2 = \frac{1}{2}\,I \cdot \Phi = \frac{\Phi^2}{2\,L}$$

L1, L2, L3 Außenleiter
N   Nulleiter
U_L Außenleiterspannung
U_{Str} Strangspannung
I_L Außenleiterstrom
I_{Str} Strangstrom

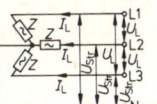

Sternschaltung

$$U_L = \sqrt{3} \cdot U_{Str}$$ $$I_L = I_{Str}$$

Dreieckschaltung

$$I_L = \sqrt{3} \cdot I_{Str}$$ $$U_L = U_{Str}$$

P Wirkleistung
Q Blindleistung
S Scheinleistung
$\cos \varphi$ Leistungsfaktor

$$P = \sqrt{3} \cdot U \cdot I \cdot \cos \varphi$$

$$S = U \cdot I = \sqrt{P^2 + Q^2}$$

$$Q = \sqrt{3} \cdot U \cdot I \cdot \sin \varphi$$

T Schwingungsdauer, $[T] = s$
L Induktivität, $[L] = H$
C Kapazität, $[C] = F$

$$T = 2\pi \sqrt{L\,C}$$ Thomsonsche Gleichung

Optik

Formel-zeichen	Größe	Einheit	Kurz-zeichen	Erklärung
I_v	Lichtstärke $$I_v = \frac{\Phi_v}{\omega}$$	Candela 1 cd = 1 lm sr^{-1}	cd	1 Candela ist die Lichtstärke, mit der 1/600 000 Quadratmeter der Oberfläche eines Schwarzen Strahlers bei der Temperatur des beim Druck 101 325 N/m² erstarrenden Platins senkrecht zu seiner Oberfläche leuchtet
Φ_v	Lichtstrom	Lumen 1 lm = 1 cd sr	lm	1 Lumen ist gleich dem Lichtstrom, den eine punktförmige Lichtquelle mit der Lichtstärke 1 cd gleichmäßig nach allen Richtungen in den Raumwinkel 1 sr aussendet
Q_v	Lichtmenge ($\triangleq$ Arbeit)	Lumenstunden lm · h	lm · h	Die Lichtmenge ist das Produkt aus dem Lichtstrom und der Zeit, während der es ausgestrahlt wird
E_v	Beleuchtungsstärke $$E_v = \frac{\Phi_v}{A}$$	Lux 1 lx = 1 lm m^{-2} = 1 cd sr m^{-2}	lx	1 Lux ist gleich der Beleuchtungsstärke, die auf einer Fläche herrscht, wenn auf 1 m² der Fläche gleichmäßig verteilt der Lichtstrom 1 lm fällt
L_v	Leuchtdichte	Candela durch Quadratmeter	cd m^{-2}	1 Candela durch Quadratmeter ist gleich dem 600000sten Teil der Leuchtdichte eines Schwarzen Strahlers bei der Temperatur des beim Druck 101 325 Pa erstarrenden Platins.
H_v	Belichtung	Luxsekunde 1 lx · s = 1 lm · m^{-2} · s	lx · s	Die Belichtung ist das Produkt aus der Beleuchtungsstärke und der Dauer des Beleuchtungsvorganges

n	Brechungzahl
α	Einfallswinkel des Lichtes
β	Brechungswinkel des Lichtes
c_1	Lichtgeschwindigkeit im Medium I
c_2	Lichtgeschwindigkeit im Medium II
r	Krümmungshalbmesser
F	Brennpunkt
f	Brennweite $= \dfrac{r}{2}$, $[f] = m$
a	Gegenstandsweite
b	Bildweite
x	$a - f$
y	$b - f$

Brechungsgesetz

$$n = \frac{\sin \alpha}{\sin \beta} = \frac{c_1}{c_2}$$

Gegenstandsraum   *Bildraum*

Linsenformeln

$$\frac{1}{a} + \frac{1}{b} = \frac{1}{f}$$
$$x\,y = f^2$$

Konvexe Linse

$$\frac{1}{a} + \frac{1}{b} = -\frac{1}{f}$$

Konkave Linse

$$D = \frac{1}{f}$$

Brechwert (einer Linse)

D	Brechwert, $[D] = dpt$ (Dioptrie) $= m^{-1}$

c_0	Lichtgeschwindigkeit, $[c_0] = m\ s^{-1}$
λ	Wellenlänge, $[\lambda] = m$
f	Frequenz = Anzahl der Schwingungen pro Sekunde, $[f] = s^{-1}$
λ_{Kr}	Wellenlänge der Kryptonlinie $6{,}0578021 \cdot 10^{-7}\ m$
s	Abstand zweier dunkler Interferenzstreifen, $[s] = m$
d	Abstand der zwei Lichtquellen, $[d] = m$
a	Abstand Spalt—Schirm, $[a] = m$
n	Ordnungszahl des dunklen Ringes vom Halbmesser a_n
a_n	Halbmesser des dunklen Ringes der Ordnungszahl n, $[a_n] = m$
r	Krümmungsradius der Linse, $[r] = m$
b	Gitterkonstante = Abstand zweier benachbarter Spaltmitten, $[b] = m$
e	Abstand des ersten dunklen Streifens von der hellen Bildmitte, $[e] = m$

$$c_0 = f \cdot \lambda \qquad c_0 = 2{,}997925 \cdot 10^8$$

$$1\ m = 1650763{,}73 \cdot \lambda_{Kr}$$

Wellenlängenmessung

$$\lambda = \frac{s \cdot d}{a}$$

Fresnelscher Spiegelversuch

$$\lambda = \frac{a_n^2}{r \cdot n}$$

Newtonsche Farbringe

$$\lambda = b \cdot \sin \alpha$$
$$\tan \alpha = \frac{e}{a}$$

Beugung am Gitter

E	Anregungsenergie, $[E] = J$	
e	elektrische Elementarladung $1,6021917 \cdot 10^{-19}$ A s	
U	Anregungsspannung, $[U] = V$	
f	Frequenz, $[f] = s^{-1}$	
h	Plancksches Wirkungsquantum $6,626196 \cdot 10^{-34}$ J s	
P	Strahlungsleistung, $[P] = W$	
A	strahlende Fläche, $[A] = m^2$	
T	absolute Temperatur, $[T] = K$	
σ	Stefan-Boltzmannsche-Strahlungskonstante $5,66961 \cdot 10^{-8}$ W m^{-2} K^{-4}	
λ_{max}	Wellenlänge maximaler Ausstrahlung	
b	Konstante $= 2,898 \cdot 10^{-3}$ m K	
c_0	Lichtgeschwindigkeit $= 2,997925 \cdot 10^8$ m s^{-1}	
ε_0	elektrische Feldkonstante $= 8,854185 \cdot 10^{-12}$ V^{-1} A m^{-1} s	
μ_0	magnetische Feldkonstante $= 1,256637061 \cdot 10^{-6}$ V A^{-1} m^{-1} s	
λ	Wellenlänge der Korpuskel, $[\lambda] = m$	
m	Masse, $[m] = kg$	
m_e	Ruhemasse des Elektrons $= 9,109558 \cdot 10^{-31}$ kg	
E	Energie	
m_0	Ruhemasse	
v	Geschwindigkeit des bewegten Körpers, $[v] = m \, s^{-1}$	
r_n	Radius der n-ten Quantenbahn des Elektrons, $[r_n] = m$	
n	Quantenzahl	
v_n	Geschwindigkeit des Elektrons in der n-ten Quantenbahn, $[v_n] = m \, s^{-1}$	
N	Zahl der unzerfallenen Atome zur Zeit t	
N_0	Zahl der unzerfallenen Atome zur Zeit $t = 0$	
λ	Zerfallskonstante, $[\lambda] = s^{-1}$	
$T_{1/2}$	Halbwertszeit, $[T_{1/2}] = s$	
A	Aktivität, $[A] = Bq$	
a	Spezifische Aktivität	

$$E = e \cdot U = h \cdot f$$

$$P = \sigma \cdot A \cdot T^4 \qquad \text{Stefan-Boltzmannsches Gesetz}$$

$$\lambda_{max} \cdot T = b \qquad \text{Wiensches Verschiebungsgesetz}$$

$$c_0 = \sqrt{\frac{1}{\varepsilon_0 \cdot \mu_0}}$$

$$\lambda = \frac{h}{m \cdot v} \qquad \text{Korpuskelstrahlung}$$

$$\lambda = \frac{h}{\sqrt{2 \, m_e \cdot e \cdot U}} \qquad \text{Wellenlänge des Elektrons}$$

$$E = m \cdot c_0^2 \qquad \text{Einsteinsche Gleichung}$$

$$m = \frac{m_0}{\sqrt{1 - \dfrac{v^2}{c_0^2}}}$$

$$m = \frac{h \cdot f}{c_0^2} \qquad \text{Masse eines Lichtquants}$$

$$r_n = \varepsilon_0 \cdot \frac{h^2}{\pi \cdot e^2 \cdot m_e} \cdot n^2$$

$$v_n = \frac{e^2}{2 \cdot \varepsilon_0 \cdot h \cdot n}$$

$$N = N_0 \cdot e^{-\lambda t} \qquad \begin{array}{l} \text{Zerfallgesetze} \\ \text{hier } e = 2,7182818 \end{array}$$

$$T_{1/2} = \frac{\ln 2}{\lambda}$$

$$A = \frac{\text{Zahl der Zerfallsakte}}{\text{Zeit}}$$

$$a = \frac{\text{Aktivität}}{\text{Masse}}$$

Astronomische und geographische Tafeln

Längen- und Zeiteinheiten

Längeneinheiten	Abkürzung	Erklärung
Astronomische Einheit	AE	1 AE = 1,4959787 · 10^{11} m Mittlere Entfernung Erde — Sonne.
Lichtjahr	Lj	1 Lj = 63275 AE = 9,46 · 10^{12} km = 0,3068 Parsek Strecke, die das Licht in einem Jahr bei einer Geschwindigkeit von 299792456 m s^{-1} zurücklegt.
Parsec (Sternweite)	pc	1 pc = 3,26 Lj = 206265 AE = 30,857 · 10^{15} m Entfernung, aus der bei senkrechter Aufsicht der Halbmesser der Erdbahn unter dem Winkel 1″ erscheint.

Zeiteinheiten	Umrechnung	Erklärung
Stundenwinkel (t)	15° = 1 h = 60 m = 3600 s 1° = 4 m = 240 s 1′ = 4 s 1″ = 0,067 s	Winkel des Stundenkreises eines Gestirns vom oberen Meridian aus über W → O gerechnet; in Grad- oder Zeitmaß.
Mittlerer Sonnentag (d)	1 d = 24 h MZ (mittlere Sonnenzeit) = 1,002738 Sterntage = 24 h 3 m 57 s Sternzeitmaß	Zeit zwischen 2 aufeinanderfolgenden unteren Meridiandurchgängen der im Äquator umlaufenden Sonne.
Sterntag	24 h Sternenzeitmaß = 23h 56m 4s MZ	Zeit zwischen 2 oberen Meridiandurchgängen des Frühlingspunktes.
Tropischer Monat	27 d 7 h 43 m 5 s = 27,321582 d	Umlaufzeit von Frühlingspunkt bis Frühlingspunkt.
Siderischer Monat	27 d 7 h 43 m 12 s = 27,321661 d	Umlaufzeit eines Gestirns von einem Fixstern zu demselben Fixstern.
Synodischer Monat	29 d 12 h 44 m 3 s = 29,530588 d	Zeit von Neumond zu Neumond.
Anomalistischer Monat	27 d 13 h 18 m 33 s = 27,554550 d	Umlaufzeit des Mondes von Erdnähe bis Erdnähe.
Tropisches Jahr	365 d 5 h 48 m 46 s = 365,242195 d	Umlaufzeit von Frühlingspunkt bis Frühlingspunkt.
Siderisches Jahr	365 d 6 h 9 m 10 s = 365,256360 d	Umlaufzeit der Erde von einem Fixstern zu demselben Fixstern.
Anomalistisches Jahr	365 d 6 h 13 m 53 s = 365,259643 d	Umlaufzeit der Erde von Sonnennähe bis Sonnennähe.
Julianisches Jahr	365 d 6 h 0 m 0 s = 365,25 d	Gültig vom Jahre 46 bis 4. 10. 1582.
Gregorianisches Jahr	365 d 5 h 49 m 12 s = 365,2425 d	Gültig ab 15. 10. 1582.

Bezeichnung: 4a 27d 15h 26m 2s = 4 Jahre 27 Tage 15 Stunden 26 Minuten 2 Sekunden

Zeitangaben

Zeitangaben	Abkürzung	Erklärung
Wahre Ortszeit	WOZ	Stundenwinkel der wahren Sonne ± 12 Stunden (Zeitangabe der Sonnenuhr).
Mittlere Ortszeit	MOZ	Stundenwinkel der mittleren Sonne ± 12 Stunden (Zeitangabe der Räder- und Pendeluhren).
Zeitgleichung	Zgl	Unterschied zwischen der mittleren Ortszeit und der wahren Ortszeit. Zgl = MOZ—WOZ.
Weltzeit	WZ	Mittlere Ortszeit für λ = 0 (Greenwich)
Mitteleuropäische Zeit	MEZ	Mittlere Ortszeit für λ = —15° (östlich Greenwich) MEZ = WZ + 1h.
Zonenzeit	ZoZ	Wahre Ortszeit (WOZ) eines Meridians, der ein ganzzahliges Vielfaches von ± 15° ist. Große Länder haben mehrere Zonenzeiten. Weltzeit und Zonenzeit unterscheiden sich durch volle Stunden.
Sternzeit	ϑ	Stundenwinkel des Frühlingspunktes oder Stundenwinkel des Sternes + Rektaszension des Sternes.

Gegenüber der mitteleuropäischen Zeit (*MEZ*) gehen die Uhren in folgenden Ländern um die angegebene Stundenzahl (d) vor (+) oder nach (−).

Beispiel: *MEZ* = 14 Uhr; *MOZ* für Cuba = ?

MOZ (Cuba) = *MEZ* + d = 14 − 6 = 8 Uhr.

Land	d	Land	d	Land	d
Ägypten	+ 1	Japan	+ 8	Schweden	0
Alaska	− 10	Java	+ 7	Schweiz	0
Algerien	− 1	Jugoslawien	0	Somalia	+ 2
Argentinien	− 5			Spanien	− 1
Azoren	− 3	Kamerun	0	Sri Lanka	+ 4½
		Kanada, östl. + 68°	− 5	Sudan	+ 1
Belgien	− 1	+ 68°...+ 92°	− 6	Süd-Australien	+ 8½
Bermudainseln	−5	+ 92°...+ 102°	− 7	Sumatra	+ 6
Bolivien	−5	+ 102°...+ 120°	− 8	Syrien	+ 1
Borneo	+7	westl. + 120°	− 9		
Brasilien, Mitte	−5	Kanarische Inseln	− 2	Taiwan	+ 8
Brasilen, westl. Teil	−6	Kolumbien	− 6	Tasmanien	+ 9
Brasilien, östl. Teil	−4	Korea	+ 8	Thailand	+ 6
Großbritannien				Togo	− 1
und Irland	−1	Libyen	0	Tschechoslowakei	0
Bulgarien	+1	Luxemburg	− 1	Türkei	+ 1
Birma	+5½			Tunesien	0
		Madagaskar	+ 2		
Celebes	+ 7	Madeira	− 2	UdSSR	
Chile	− 6	Malaysia	+ 6½	westl. − 40°	+ 2
China, östl. Teil	+ 7	Marokko	− 1	− 40° ... − 52°30′	+ 3
China, westl. Teil	+ 6	Mexiko, östl. Teil	− 7	− 52°30′...− 67°30′	+ 4
Cuba	− 6	Mexiko, westl. Teil	− 8	− 67°30′ ... − 82°30′	+ 5
				− 82°30′ ... − 97°30′	+ 6
Dänemark	0	Neufundland	− 4½	− 97°30′...−112°30′	+ 7
Deutschland	0	Niederlande	0	−112°30′ ... −127°30′	+ 8
		Nord-Australien	+ 8½	−127°30′...−142°30′	+ 9
Ecuador	− 6	Norwegen	0	−142°30′ ... −157°30′	+ 10
Finnland	+ 1			−157°30′...−172°30′	+ 11
Frankreich	− 1	Österreich	0		
Gesellschaftsinseln	− 11	Panama	− 6	Uganda	+ 2
Ghana	− 1	Papua-Neuguinea	+ 9	Ungarn	0
Griechenland	+ 1	Paraguay	− 5	USA, Küstenzone	− 5
Grönland	− 4	Peru	− 6	USA, Ostzone	− 6
Guatemala	− 7	Philippinen	+ 7	USA, Zentralzone	− 7
		Polen	0	USA, Gebirgszone	− 8
Haiti	− 6	Portugal	− 1	USA, Westzone	− 9
Hawaii	− 11				
Indien	+ 4½	Queensland	+ 9	Venezuela	− 5½
Indochina	+ 7	Rumänien	+ 1	Victoria	+ 9
Irak	+ 2	Salomoninseln	+ 10	West-Australien	+ 7
Iran	+ 2½	Samoa	− 12	West-Neuguinea	+ 8
Island	− 2	Sansibar	+ 2	Zaire, östl. Teil	+ 1
Israel	+ 1	St. Helena	− 1	Zaire, westl. Teil	0
Italien	0				

40.1. Zeitgleichung

Bezogen auf 0 Uhr Weltzeit (WZ) für das Jahr 1965. Die Werte wiederholen sich nach Ablauf eines tropischen Jahres (= Kalenderjahr + 0,2422d) mit einer Abweichung von höchstens 5 s. Negative Zahlen sind rot.

Da-tum	Jan.	Febr.	März	April	Mai	Juni	Juli	Aug.	Sept.	Okt.	Nov.	Dez.
	min s	min s	min s	min s	min s	min s	min s	min s	min s	min s	min s	min s
1.	03 23	13 35	12 31	4 4	2 53	2 23	3 36	6 16	0 9	10 8	16 22	11 9
2.	3 51	13 43	12 19	3 46	3 1	2 14	3 48	6 13	0 10	10 28	16 23	10 46
3.	4 19	13 50	12 7	3 29	3 7	2 5	3 59	6 9	0 29	10 47	16 24	10 23
4.	4 47	13 57	11 55	3 11	3 13	1 55	4 10	6 4	0 48	11 5	16 24	9 59
5.	5 14	14 2	11 42	2 53	3 19	1 44	4 21	5 58	1 8	11 24	16 23	9 35
6.	5 41	14 7	11 28	2 36	3 24	1 34	4 32	5 52	1 28	11 42	16 21	9 10
7.	6 7	14 11	11 14	2 19	3 29	1 23	4 42	5 46	1 48	11 59	16 19	8 45
8.	6 33	14 14	11 0	2 2	3 33	1 12	4 51	5 38	2 9	12 16	16 16	8 19
9.	6 58	14 17	10 45	1 45	3 36	1 0	5 1	5 31	2 29	12 33	16 11	7 53
10.	7 23	14 18	10 30	1 29	3 39	0 49	5 9	5 22	2 50	12 50	16 6	7 26
11.	7 48	14 19	10 14	1 13	3 41	0 37	5 18	5 13	3 11	13 6	16 1	6 59
12.	8 11	14 19	9 58	0 57	3 43	0 25	5 26	5 3	3 32	13 21	15 54	6 32
13.	8 34	14 18	9 42	0 41	3 44	0 13	5 33	4 53	3 54	13 36	15 46	6 4
14.	8 57	14 16	9 26	0 25	3 45	0 0	5 40	4 43	4 15	13 51	15 38	5 35
15.	9 18	14 14	9 9	0 10	3 45	0 12	5 47	4 31	4 36	14 4	15 29	5 7
16.	9 39	14 11	8 52	0 4	3 45	0 25	5 53	4 19	4 57	14 18	15 19	4 38
17.	10 0	14 7	8 35	0 19	3 44	0 38	5 59	4 7	5 19	14 31	15 7	4 9
18.	10 19	14 2	8 17	0 33	3 42	0 51	6 4	3 54	5 40	14 43	14 56	3 39
19.	10 38	13 57	7 59	0 46	3 40	1 4	6 8	3 41	6 2	14 54	14 43	3 10
20.	10 56	13 51	7 42	0 59	3 37	1 17	6 12	3 27	6 23	15 5	14 29	2 40
21.	11 14	13 45	7 24	1 12	3 34	1 30	6 16	3 13	6 44	15 14	14 15	2 10
22.	11 31	13 38	7 6	1 25	3 30	1 43	6 19	2 58	7 5	15 25	14 0	1 40
23.	11 47	13 30	6 48	1 36	3 26	1 56	6 21	2 43	7 26	15 34	13 44	1 10
24.	12 2	13 21	6 29	1 48	3 21	2 9	6 23	2 28	7 47	15 42	13 27	0 40
25.	12 16	13 12	6 11	1 59	3 15	2 22	6 24	2 12	8 8	15 50	13 9	0 10
26.	12 30	13 3	5 53	2 9	3 9	2 34	6 25	1 55	8 28	15 56	12 51	0 20
27.	12 43	12 53	5 35	2 19	3 3	2 47	6 25	1 39	8 49	16 2	12 32	0 50
28.	12 55	12 42	5 17	2 28	2 56	3 0	6 24	1 22	9 9	16 8	12 12	1 19
29.	13 6		4 58	2 37	2 48	3 12	6 23	1 4	9 29	16 12	11 52	1 49
30.	13 17		4 40	2 46	2 40	3 24	6 22	0 46	9 49	16 16	11 30	2 18
31.	13 26		4 22		2 32		6 19	0 28		16 19		2 47

40.2. Geographische Koordinaten

$\varphi > 0°$ nördl. Halbkugel
$\varphi < 0°$ südl. Halbkugel

$\lambda > 0°$ westl. von Greenwich
$\lambda < 0°$ östl. von Greenwich

Europäische Orte

Ort	Breite φ °	Breite φ ′	Länge λ °	Länge λ ′	Ort	Breite φ °	Breite φ ′	Länge λ °	Länge λ ′
Aachen	+ 50	48	− 6	6	Brünn	+ 49	10	− 16	35
Amsterdam	+ 52	23	− 4	53	Brüssel	+ 50	55	− 4	23
Antwerpen	+ 51	12	− 4	30	Budapest	+ 47	30	− 19	4
Athen	+ 38	6	− 23	48	Bukarest	+ 44	29	− 26	5
Augsburg	+ 48	24	− 10	54	Calais	+ 51	2	− 1	54
Bamberg	+ 49	53	− 10	53	Chemnitz	+ 50	50	− 12	55
Barcelona	+ 41	24	− 2	12	Cherbourg	+ 49	35	+ 1	37
Basel	+ 47	6	− 7	36	Danzig	+ 54	24	− 18	40
Belgrad	+ 44	48	− 20	30	Darmstadt	+ 49	54	− 8	40
Bergen	+ 60	24	− 5	18	Dessau	+ 51	48	− 12	18
Berlin-Tempelhof	+ 52	30	− 13	24	Dortmund	+ 51	30	− 7	35
Bern	+ 46	57	− 7	26	Dover	+ 51	6	− 1	20
Bonn	+ 50	44	− 7	6	Dresden	+ 51	6	− 13	47
Braunschweig	+ 52	18	− 10	30	Düsseldorf	+ 51	14	− 6	47
Bremen	+ 53	5	− 8	49	Erfurt	+ 51	0	− 11	1
Breslau	+ 51	7	− 17	2	Essen-Mülheim	+ 51	24	− 6	54
Bromberg	+ 53	6	− 18	3					

Ort	Breite φ °	′	Länge λ °	′	Ort	Breite φ °	′	Länge λ °	′
Flensburg	+ 54	48	− 9	23	München	+ 48	9	− 11	37
Florenz	+ 43	48	− 11	19	Münster	+ 51	54	− 7	40
Frankfurt a. M.	+ 50	7	− 8	42	Neapel	+ 40	52	− 14	15
Friedrichshafen	+ 47	40	− 9	30	Nürnberg	+ 49	30	− 11	5
Genf	+ 46	12	− 6	9	Odessa	+ 46	30	− 30	40
Genua	+ 44	25	− 7	55	Oslo	+ 59	55	− 10	42
Gibraltar	+ 36	6	+ 5	25	Ostende	+ 51	12	− 2	55
Göttingen	+ 51	32	− 9	57	Padua	+ 45	24	− 11	52
Graz	+ 47	5	− 15	27	Palermo	+ 38	7	− 13	21
Greenwich	+ 51	29	0	0	Paris-Le Bourget	+ 48	54	− 2	24
Hamburg	+ 53	33	− 9	58	Plymouth	+ 50	18	+ 4	10
Hannover	+ 52	22	− 9	44	Posen	+ 52	24	− 16	48
Heidelberg	+ 49	24	− 8	43	Potsdam	+ 52	23	− 13	4
Helgoland	+ 54	12	− 7	55	Prag	+ 50	5	− 14	25
Innsbruck	+ 47	18	− 11	24	Preßburg	+ 48	10	− 17	12
Jena	+ 50	56	− 11	35	Reval	+ 59	22	− 24	47
Kassel	+ 51	18	− 9	30	Riga	+ 57	1	− 24	6
Kiel	+ 54	20	− 10	9	Rom	+ 41	54	− 12	29
Köln	+ 50	56	− 6	58	Rotterdam	+ 51	53	− 4	30
Königsberg	+ 54	43	− 20	30	Saarbrücken	+ 49	15	− 6	59
Kopenhagen	+ 55	41	− 12	35	Saloniki	+ 40	36	− 23	0
Krakau	+ 50	5	− 20	1	Salzburg	+ 47	48	− 13	0
Leiden	+ 52	9	− 4	29	Schwerin	+ 53	38	− 11	25
Leipzig	+ 51	20	− 12	23	Sofia	+ 42	48	− 23	18
Lemberg	+ 49	48	− 24	0	Southampton	+ 50	54	+ 1	1
Leningrad	+ 59	53	− 30	18	Speyer	+ 49	19	− 8	26
Lissabon	+ 38	44	+ 9	10	Stockholm	+ 59	21	− 18	4
Lodz	+ 51	42	− 19	24	Straßburg	+ 48	35	− 7	46
London-Croydon	+ 51	24	0	6	Stuttgart	+ 48	42	− 9	0
Lübeck	+ 53	52	− 10	41	Sylt	+ 54	53	− 8	22
Lund	+ 55	42	− 13	11	Thorn	+ 53	0	− 18	54
Madrid	+ 40	25	+ 3	41	Triest	+ 45	39	− 13	46
Mailand	+ 45	28	− 9	11	Upsala	+ 59	51	− 17	38
Malta	+ 35	55	− 14	29	Venedig	+ 45	26	− 12	21
Mannh.-Ludwigsh.	+ 49	29	− 8	28	Warschau	+ 52	12	− 21	6
Marburg	+ 50	49	− 8	46	Wien	+ 48	14	− 16	20
Marseille	+ 43	24	− 5	12	Wilhelmshaven	+ 53	32	− 8	9
Memel	+ 55	40	− 21	12	Wiesbaden	+ 50	3	− 8	15
Moskau	+ 55	45	− 37	34	Zürich	+ 47	23	− 8	33

Europäische Orte

Ort	Breite φ °	′	Länge λ °	′	Ort	Breite φ °	′	Länge λ °	′
Algier	+ 36	48	− 3	6	Manila	+ 14	35	− 121	2
Ankara	+ 40	8	− 33	0	Mexiko	+ 12	26	+ 99	5
Asmara	+ 15	16	− 38	54	New York	+ 40	44	+ 73	59
Bagdad	+ 33	18	− 44	24	Ottawa	+ 45	24	+ 75	43
Bahia	− 13	0	+ 38	31	Peking	+ 39	54	− 116	28
Bermuda	+ 32	21	+ 64	52	Philadelphia	+ 40	0	+ 75	12
Bombay	+ 19	6	− 72	48	Quebeck	+ 46	46	+ 71	10
Bogotá	+ 4	36	+ 74	5	Quito	0	14	+ 78	30
Boston	+ 42	24	+ 71	2	Rangoon	+ 16	54	− 96	8
Buenos Aires	− 34	16	+ 58	22	Rio de Janeiro	− 22	54	+ 43	10
Casablanca	+ 33	34	+ 7	40	Saigon	+ 10	49	− 106	39
Chicago	+ 41	54	+ 87	36	San Francisco	+ 37	48	+ 122	26
Colombo	+ 6	54	− 79	52	Santiago	− 33	26	+ 70	40
Dakar	+ 14	45	+ 17	30	Shanghai	+ 31	18	− 121	29
Hongkong	+ 22	16	− 144	8	Sydney	− 33	52	− 151	12
Honolulu	+ 21	19	+ 157	51	Singapore	+ 1	22	− 103	59
Istanbul	+ 41	2	− 28	58	Togo	+ 6	14	− 1	28
Jerusalem	+ 31	52	− 35	13	Tokio	+ 35	39	− 139	45
Johannesburg	− 26	12	− 28	6	Tunis	+ 36	48	− 10	11
Kairo	+ 30	6	− 31	18	Washington	+ 38	54	+ 77	0
Kapstadt	− 33	56	− 18	59	Windhuk	− 22	39	− 17	5
Las Palmas	+ 28	0	+ 15	24	Winnipeg	+ 49	49	+ 66	5
Madras	+ 13	4	− 80	15	Wellington (Neus.)	− 41	17	− 174	46
					Yokohama	+ 35	24	− 139	40

Außereuropäische Orte

Umwandlung von Gradmaß in Stundenmaß
360° ≙ 24 Stunden

Grade												Min.		Sek.	
°	h min	°	h min	°	h min	°	h min	°	h min	°	h min	'	min s	''	s
0	0 0	60	4 0	120	8 0	180	12 0	240	16 0	300	20 0	0	0 0	0	0,0
1	0 4	61	4 4	121	8 4	181	12 4	241	16 4	301	20 4	1	0 4	1	0,1
2	0 8	62	4 8	122	8 8	182	12 8	242	16 8	302	20 8	2	0 8	2	0,1
3	0 12	63	4 12	123	8 12	183	12 12	243	16 12	303	20 12	3	0 12	3	0,2
4	0 16	64	4 16	124	8 16	184	12 16	244	16 16	304	20 16	4	0 16	4	0,3
5	0 20	65	4 20	125	8 20	185	12 20	245	16 20	305	20 20	5	0 20	5	0,3
6	0 24	66	4 24	126	8 24	186	12 24	246	16 24	306	20 24	6	0 24	6	0,4
7	0 28	67	4 28	127	8 28	187	12 28	247	16 28	307	20 28	7	0 28	7	0,5
8	0 32	68	4 32	128	8 32	188	12 32	248	16 32	308	20 32	8	0 32	8	0,5
9	0 36	69	4 36	129	8 36	189	12 36	249	16 36	309	20 36	9	0 36	9	0,6
10	0 40	70	4 40	130	8 40	190	12 40	250	16 40	310	20 40	10	0 40	10	0,7
11	0 44	71	4 44	131	8 44	191	12 44	251	16 44	311	20 44	11	0 44	11	0,7
12	0 48	72	4 48	132	8 48	192	12 48	252	16 48	312	20 48	12	0 48	12	0,8
13	0 52	73	4 52	133	8 52	193	12 52	253	16 52	313	20 52	13	0 52	13	0,9
14	0 56	74	4 56	134	8 56	194	12 56	254	16 56	314	20 56	14	0 56	14	0,9
15	1 0	75	5 0	135	9 0	195	13 0	255	17 0	315	21 0	15	1 0	15	1,0
16	1 4	76	5 4	136	9 4	196	13 4	256	17 4	316	21 4	16	1 4	16	1,1
17	1 8	77	5 8	137	9 8	197	13 8	257	17 8	317	21 8	17	1 8	17	1,1
18	1 12	78	5 12	138	9 12	198	13 12	258	17 12	318	21 12	18	1 12	18	1,2
19	1 16	79	5 16	139	9 16	199	13 16	259	17 16	319	21 16	19	1 16	19	1,3
20	1 20	80	5 20	140	9 20	200	13 20	260	17 20	320	21 20	20	1 20	20	1,3
21	1 24	81	5 24	141	9 24	201	13 24	261	17 24	321	21 24	21	1 24	21	1,4
22	1 28	82	5 28	142	9 28	202	13 28	262	17 28	322	21 28	22	1 28	22	1,5
23	1 32	83	5 32	143	9 32	203	13 32	263	17 32	323	21 32	23	1 32	23	1,5
24	1 36	84	5 36	144	9 36	204	13 36	264	17 36	324	21 36	24	1 36	24	1,6
25	1 40	85	5 40	145	9 40	205	13 40	265	17 40	325	21 40	25	1 40	25	1,7
26	1 44	86	5 44	146	9 44	206	13 44	266	17 44	326	21 44	26	1 44	26	1,7
27	1 48	87	5 48	147	9 48	207	13 48	267	17 48	327	21 48	27	1 48	27	1,8
28	1 52	88	5 52	148	9 52	208	13 52	268	17 52	328	21 52	28	1 52	28	1,9
29	1 56	89	5 56	149	9 56	209	13 56	269	17 56	329	21 56	29	1 56	29	1,9
30	2 0	90	6 0	150	10 0	210	14 0	270	18 0	330	22 0	30	2 0	30	2,0
31	2 4	91	6 4	151	10 4	211	14 4	271	18 4	331	22 4	31	2 4	31	2,1
32	2 8	92	6 8	152	10 8	212	14 8	272	18 8	332	22 8	32	2 8	32	2,1
33	2 12	93	6 12	153	10 12	213	14 12	273	18 12	333	22 12	33	2 12	33	2,2
34	2 16	94	6 16	154	10 16	214	14 16	274	18 16	334	22 16	34	2 16	34	2,3
35	2 20	95	6 20	155	10 20	215	14 20	275	18 20	335	22 20	35	2 20	35	2,3
36	2 24	96	6 24	156	10 24	216	14 24	276	18 24	336	22 24	36	2 24	36	2,4
37	2 28	97	6 28	157	10 28	217	14 28	277	18 28	337	22 28	37	2 28	37	2,5
38	2 32	98	6 32	158	10 32	218	14 32	278	18 32	338	22 32	38	2 32	38	2,5
39	2 36	99	6 36	159	10 36	219	14 36	279	18 36	339	22 36	39	2 36	39	2,6
40	2 40	100	6 40	160	10 40	220	14 40	280	18 40	340	22 40	40	2 40	40	2,7
41	2 44	101	6 44	161	10 44	221	14 44	281	18 44	341	22 44	41	2 44	41	2,7
42	2 48	102	6 48	162	10 48	222	14 48	282	18 48	342	22 48	42	2 48	42	2,8
43	2 52	103	6 52	163	10 52	223	14 52	283	18 52	343	22 52	43	2 52	43	2,9
44	2 56	104	6 56	164	10 56	224	14 56	284	18 56	344	22 56	44	2 56	44	2,9
45	3 0	105	7 0	165	11 0	225	15 0	285	19 0	345	23 0	45	3 0	45	3,0
46	3 4	106	7 4	166	11 4	226	15 4	286	19 4	346	23 4	46	3 4	46	3,1
47	3 8	107	7 8	167	11 8	227	15 8	287	19 8	347	23 8	47	3 8	47	3,1
48	3 12	108	7 12	168	11 12	228	15 12	288	19 12	348	23 12	48	3 12	48	3,2
49	3 16	109	7 16	169	11 16	229	15 16	289	19 16	349	23 16	49	3 16	49	3,2
50	3 20	110	7 20	170	11 20	230	15 20	290	19 20	350	23 20	50	3 20	50	3,3
51	3 24	111	7 24	171	11 24	231	15 24	291	19 24	351	23 24	51	3 24	51	3,4
52	3 28	112	7 28	172	11 28	232	15 28	292	19 28	352	23 28	52	3 28	52	3,5
53	3 32	113	7 32	173	11 32	233	15 32	293	19 32	353	23 32	53	3 32	53	3,5
54	3 36	114	7 36	174	11 36	234	15 36	294	19 36	354	23 36	54	3 36	54	3,6
55	3 40	115	7 40	175	11 40	235	15 40	295	19 40	355	23 40	55	3 40	55	3,7
56	3 44	116	7 44	176	11 44	236	15 44	296	19 44	356	23 44	56	3 44	56	3,7
57	3 48	117	7 48	177	11 48	237	15 48	297	19 48	357	23 48	57	3 48	57	3,8
58	3 52	118	7 52	178	11 52	238	15 52	298	19 52	358	23 52	58	3 52	58	3,9
59	3 56	119	7 56	179	11 56	239	15 56	299	19 56	359	23 56	59	3 56	59	3,9

Große Halbachse (nach Hayford) = Äquatorradius	a = 6 378 388 m
Kleine Halbachse (nach Hayford) = Polradius	b = 6 356 909 m
Radius der volumengleichen Kugel	R = 6 371 221 m
Radius der oberflächengleichen Kugel	6 371 227 m
Abplattung = $(a-b):a$	1 : 297 ≈ 0,003 367
Umfang am Äquator	40 076 594 m
Umfang eines Längenkreises	40 009 153 m
Bogenlänge eines Äquatorgrades	111 324 m
Mittlere Bogenlänge eines Längenkreisgrades	111 137 m
Mittlere Bogenlänge einer Längenkreisminute	1 852 m
Erdkrümmung	7,8 cm km^{-1}
Oberfläche	510 100 933 km²
Volumen	1 083 319 780 000 km³
Festland (Oberfläche)	≈ 149 000 000 km² ≙ 29,2%
Weltmeere (Oberfläche)	≈ 361 100 000 km² ≙ 70,8%
Masse	5,977 · 10²⁴ kg
Dichte (mittlere)	≈ 5,517 kg dm^{-3}
Schwerebeschleunigung (Normwert)	g = 9,806 65 m s^{-2}
Solarkonstante................................	≈ 1,3 kW m^{-2}
Umdrehungsgeschwindigkeit am Äquator	463,85 m s^{-1}
Mittlere Bahngeschwindigkeit	29,767 km s^{-1}
Bahngeschwindigkeit im Aphel....................	29,262 km s^{-1}
Bahngeschwindigkeit im Perihel	30,269 km s^{-1}
Mittlere Schiefe der Ekliptik (1966) (jährliche Abnahme ≈ 0,5″)	ε = 23° 26′ 37″
Länge der Erdbahn	939 200 000 km
Jährliche Präzession der Äquinoktien	50,26″
(Zurückweichen des Frühlingspunktes)	
Nutationskonstante (Schwankungen der Erdachse)	9,2″
Aberrationskonstante	20,496″
(Verschiebungswinkel der Gestirne in Richtung der Erdbewegung)	
Mittlerer Sonnenabstand (AE)	1,4959787 · 10¹¹ m

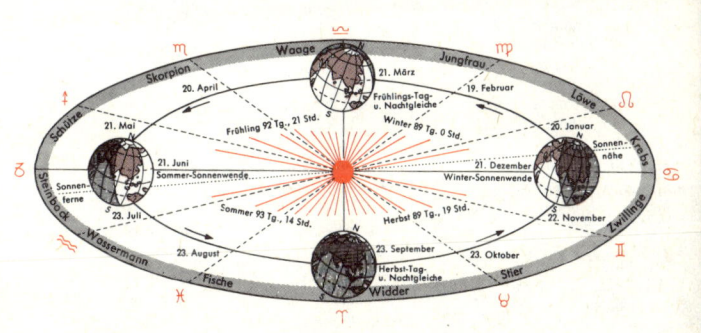

44.1. Wichtige Werte der Sonne ☉

Durchmesser	1 392 000 km
Durchmesser (Erde = 1)	109,2
Gesichtswinkel (mittlerer)	31′ 59″
Masse	$1,989 \cdot 10^{30}$ kg
Masse (Erde = 1)	332 958
Masse (alle Planeten des Sonnensystems = 1)	700
Volumen (Erde = 1)	1 303 800
Mittlere Dichte (Wasser = 1)	1,409 kg dm^{-3}
Mittlere Dichte (Erde = 1)	0,256
Mittlere Entfernung von der Erde	149 600 000 km
Schwerebeschleunigung (Erde = g)	27,89 $g = 273$ m s^{-2}
Fallweg in der 1. Sekunde	136,80 m
Umdrehungszeit (Rotationsdauer)	25,38d
Neigung der ☉-Äquatorebene gegen die Ekliptik	7° 15′
Horizontal-Parallaxe	8,794″
Temperatur an der Oberfläche	≈ 5700 K
Temperatur im Innern	$2 \cdot 10^7$ K
Helligkeit	$-26,8^m$
Oberflächenleistung	≈ 60 000 kW m^{-2}
Sonnenfleckenperiode	≈ 11 Jahre
Gesamtstrahlung der Sonne	$3,72 \cdot 10^{33}$ erg s^{-1}

44.2. Wichtige Werte des Mondes

Durchmesser	3476 km
Scheinbarer mittlerer Durchmesser	≈ 31′ 05″
Masse (Erde = 1)	$\frac{1}{81} = 0,0123$
Volumen (Erde = 1)	0,0203
Mittlere Dichte (Wasser = 1)	3,34
Mittlere Dichte (Erde = 1)	0,604
Temperatur Vollmond	391 K
Neumond	120 K
Schwerebeschleunigung (Erde = g)	$\frac{1}{6} g = 1,628$ m s^{-2}
Fallweg in der 1. Sekunde	0,81 m
Abstand Erde — Mond	356 410 . . . 406 740 km
Mittlere Entfernung von der Erde	384 400 km
Mittlere Geschwindigkeit in der Bahn	1,023 km s^{-1}
Siderische Umlaufzeit (Monat)	27,32166 d
Synodische Umlaufzeit (Monat)	29,53059 d
Mittlere Bahnexzentrizität	0,0549
Bahnneigung gegen die Ekliptik	5° 8′ 42″
Horizontalparallaxe	57′ 2,7″
Mittlere tägliche Bewegung	13° 10′ 35″
Abplattung	0,0006
Helligkeit (Vollmond)	$-12,5^m$

Ebenen und Ringgebirge

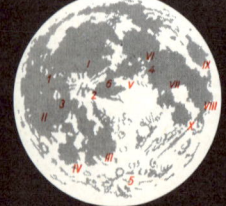

I. Mare Imbrium	VI. Mare Serenitatis
II. Oceanus Procellarum	VII. Mare Tranquillitatis
III. Mare Nubium	VIII. Mare Fecunditatis
IV. Mare Humorum	IX. Mare Crisium
V. Mare Vaporum	X. Mare Nectaris
1. Aristarch	4. Menelaus
2. Copernicus	5. Tycho
3. Kepler	6. Apenninen

Wichtige Werte der Planeten

45.

Name	Symbol	Äquatordurchmesser km	Äquatordurchmesser Erde = 1	Abplattung	Rotationsdauer	Masse Erde = 1	Masse Sonne = 1	Mittlere Dichte kg dm^{-3}	Schwerebeschleunigung Erde = 1	Solarkonstante J cm^{-2} min^{-1}	Temperatur K	Monde
Merkur	☿	4 868	0,379	0	58,646 d	0,0555	1 : 5945679	5,62	0,39	54,5	550...685	0
Venus	♀	12 228	0,958	0	243 d	0,815	1 : 408537	5,09	0,89	15,63	748 ± 20	0
Erde	♁	12 757	1,000	1 : 297	23h 56m 4s	1,000	1 : 332958	5,52	1,00	8,17	287	1
Mars	♂	6 770	0,531	1 : 192	24h 37m 23s	0,108	1 : 3085000	3,97	0,38	3,52	203...300	2
Jupiter	♃	143 650	11,26	1 : 15	9h 50m 30s	318	1 : 1047	1,30	2,35	0,302	140	12
Saturn	♄	120 670	9,46	1 : 10	10h 14m	95,1	1 : 3499	0,68	0,93	0,088	93	10
Uranus	⛢	47 100	3,69	1 : 18	10h 48m	14,58	1 : 22650	1,58	0,99	0,0222	83	5
Neptun	♆	49 670	3,86	1 : 50	15h 48m	17,27	1 : 19314	2,00	1,12	0,0092	70	2
Pluto	♇	6 500	0,5	?	6,4 d	0,18	1 : 1849800	7,7	?	0,0055	42	?

Name	Symbol	Mittlere Entfernung von der Sonne km	Mittlere Entfernung von der Sonne Erde = 1	Siderische Umlaufzeit in tropischen Jahren	Numerische Exzentrizität	Neigung gegen die Erdbahn	Mittlere Bahngeschwindigkeit km s^{-1}	Größte Helligkeit in Größenklassen	Durchlaufener Bogen in einem Merkurjahr (88 Tage)
Merkur	☿	$57{,}9 \cdot 10^6$	0,3871	0,2408a	0,2056	7° 0′	47,83	—1,8	360°
Venus	♀	$108{,}21 \cdot 10^6$	0,7233	0,6152a	0,0068	3° 24′	34,99	—4,4	140,8°
Erde	♁	$149{,}5 \cdot 10^6$	1,0000	1,0000a	0,0167	—	29,76	—	86.7°
Mars	♂	$227{,}94 \cdot 10^6$	1,5237	1,8809a	0,0934	1° 51′	24,11	—2,8	46,1°
Jupiter	♃	$777{,}8 \cdot 10^6$	5,2028	11,8622a	0,0485	1° 18′	13,06	—2,5	7,3°
Saturn	♄	$1425{,}6 \cdot 10^6$	9,5389	29,4577a	0,0556	2° 29′	9,64	—0,3	2,9°
Uranus	⛢	$2869{,}67 \cdot 10^6$	19,1823	84,0153a	0,0472	0° 46′	6,80	—	1,03°
Neptun	♆	$4496{,}54 \cdot 10^6$	30,0571	164,7883a	0,0086	1° 46′	5,43	—	0,53°
Pluto	♇	$5946{,}60 \cdot 10^6$	39,7766	247,70a	0,253	17° 8′	4,74	—	0,35°

Zwischen den Bahnen von Mars und Jupiter bewegen sich die zahlreichen kleinen Planeten (Planetoiden oder Asteroiden) von geringer Masse. Man kennt über 2000 Planetoiden, vermutet aber, daß es $\approx$ 100 000 gibt. Die Umlaufzeit der meisten liegt bei etwa 4,6 Jahren. Die kürzeste Umlaufzeit hat Hermes (1,5 Jahre), die längste Hidalgo (13,67 Jahre). Die größten Planetoiden sind Ceres (768 km ⌀), Pallas (483 km ⌀), Vesta (385 km ⌀) und Juno (193 km ⌀). Die Gesamtmasse aller Planetoiden wird auf weniger als ein Viertel der Erdmasse geschätzt.

46.1. **Planetenbahnen**

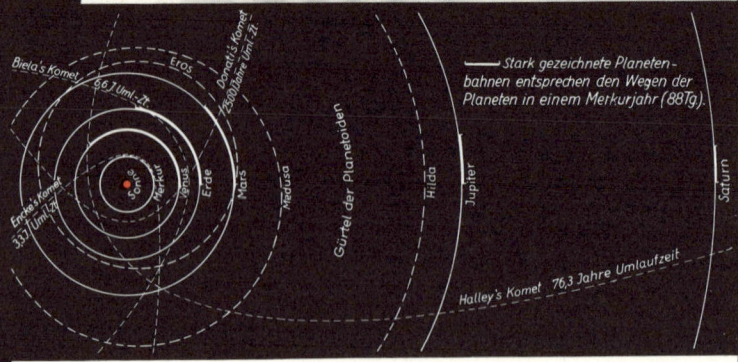

— Stark gezeichnete Planetenbahnen entsprechen den Wegen der
Planeten in einem Merkurjahr (88Tg.)

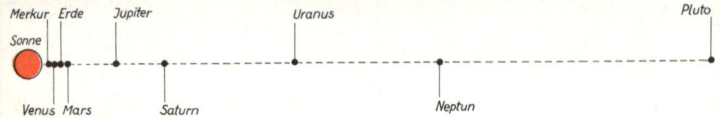

Das Sonnensystem bewegt sich mit einer Geschwindigkeit von 20 km/s in Richtung des Stern-
bildes Herkules. Um den Mittelpunkt des Milchstraßensystems kreist es mit einer Geschwindigkeit von 275 km/s.

46.2. **Größenverhältnisse Sonne — Planeten**

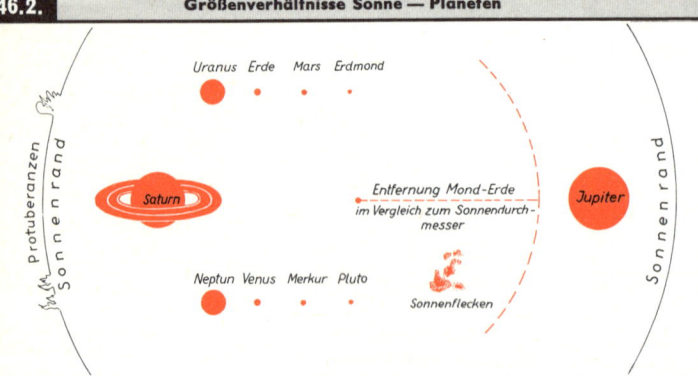

Entfernung Mond-Erde
im Vergleich zum Sonnendurch-
messer

46.3. **Sterngrößenklasse**

Man versteht darunter die scheinbare Helligkeit eines Sternes, die photometrisch oder photo-
graphisch gemessen werden kann. Die Sterne 5,5. bis 6,5. Größenordnung (gerade noch mit
dem Auge erkennbar) sind Ausgangspunkt für die Skala der Helligkeiten. Die objektiv
100mal helleren Sterne besitzen die Größenklasse 1. Ist ein Gestirn noch heller, so ist seine
Größenklasse 0 oder sogar negativ. Die mit den größten Fernrohren eben noch erkennbaren
Sterne haben die Größenklasse 25 und mehr.

Beispiele:	Polarstern	2,12	Venus	— 4,07
	Wega	0,14	Vollmond	—12,55
	Sirius	— 1,59	Sonne	—26,72

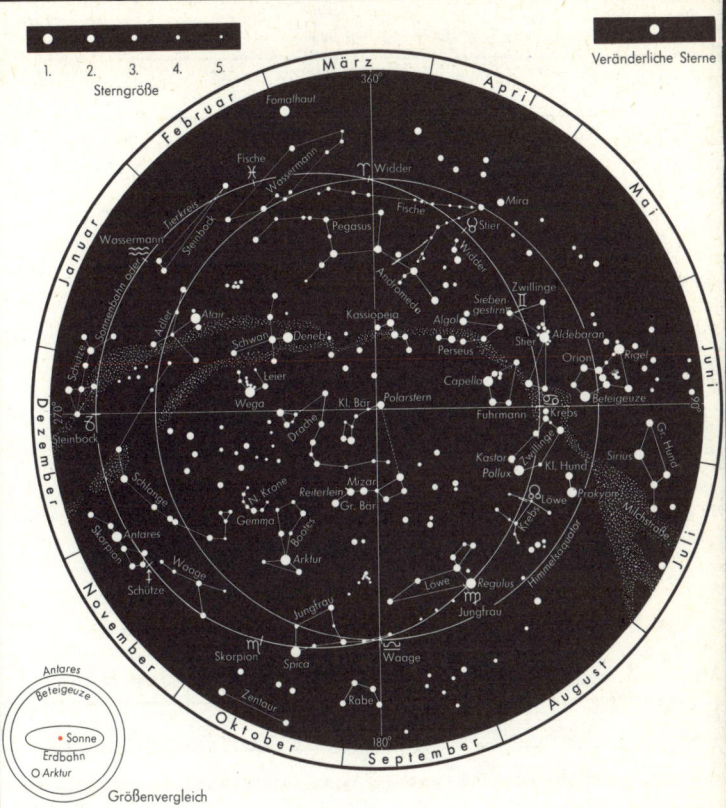

Deutscher Name	Lateinischer Name	Deutscher Name	Lateinischer Name
Adler	Aquila	Orion	Orion
Andromeda	Andromeda	Pegasus	Pegasus
Bootes	Bootes	Perseus	Perseus
Drachen	Draco	Rabe	Corvus
Fische	Pisces	Schlange	Serpens
Fuhrmann	Auriga	Schütze	Sagittarius
Großer Bär	Ursa major	Schwan	Cygnus
Großer Hund	Canis major	Skorpion	Scorpius
Jungfrau	Virgo	Steinbock	Capricornus
Kassiopeia	Cassiopeia	Stier	Taurus
Kleiner Bär	Ursa minor	Waage	Libra
Kleiner Hund	Canis minor	Wassermann	Aquarius
Krebs	Cancer	Widder	Aries
Leier	Lyra	Zentaur	Centaurus
Löwe	Leo	Zwillinge	Gemini
Nördliche Krone	Corona borealis		

Fixsterne

D = Durchmesser ($\odot$ = 1); M = Masse ($\odot$ = 1); T = Temperatur; S_V = veränderlicher Stern; S_2 = Doppelstern; S_3 = 3faches System usw.

Name	Sternbild	Größen-klasse	Ent-fernung ≈ Lichtjahre	Bemerkung
Aldebaran	α Stier	1,06	50	$D = 38$; $M = 4$; $T = 3500\ °C$
Antares	α Skorpion	1,22	250	$D = 330$; $M = 30$; $T = 3500\ °C$;
Atair	α Adler	0,89	16	S_2; S_V
Arktur........	α Bootes	0,24	38	$D = 2$; $T = 8500\ °C$; Rotation = 250 km/s
Algol	β Perseus	2,1	96	$D = 25$; $M = 8$; $T = 4200\ °C$
Beteigeuze	α Orion	0,1...1,2	272	S_V; Periode 2,867 Tage
Capella.......	α Fuhrmann	0,21	45	$D = 300$; $M = 15$; $T = 3200\ °C$; S_V
Deneb	α Schwan	1,33	600	$D = 16$; $M = 4$; $T = 5000\ °C$; S_2
Fomalhaut	α Südl. Fische	1,29	29	$T = 1100\ °C$
Gemma	α Nördl. Krone	2,31	69	
Kastor........	α Zwillinge	2,0	44	$D = 1$; $T = 10000\ °C$; S_6
Mizar	ζ Gr. Bär	2,4	74	$D = 2$; S_3; 1. Begleiter = Alkor (Reiterlein) in 11′ 50′′ Abstand
Polarstern ...	α Kl. Bär	2,12	250	$D = 10$; S_V; S_2; Polabstand ≈ 1°
Procyon	α Kl. Hund	0,48	10	
Regulus	α Löwe	1,34	70	$D = 2$; $T = 13000\ °C$; S_2
Rigel	β Orion	0,34	544	S_2
Sirius........	α Gr. Hund	—1,58	8,7	$D = 2$; $M = 2,3$; $T = 11000\ °C$; S_2; Begleiter: Weißer Zwerg: $D = 0,025$; $M = 0,9$
Spica.........	α Jungfrau	1,21	190	$T = 20000\ °C$; S_2
Wega	α Leier	0,14	28	$D = 4$; $T = 11000\ °C$

Milchstraße
Galaktisches System

Unser Sonnensystem und alle mit dem bloßen Auge sichtbaren Sterne gehören der Milchstraße an, die eine Spiralstruktur hat. Die Sonne liegt in etwa 10 000 Parsec Abstand vom Mittelpunkt auf einem der Spiralarme. Der Gesamtdurchmesser beträgt etwa 30 000 Parsec, die Dicke der Spirale 5000 Parsec. Das Sonnensystem rotiert in etwa 220 Millionen Jahren mit einer Geschwindigkeit von 275 km/s einmal um das Zentrum. Die Milchstraße umfaßt etwa 100 Milliarden Sterne mit einer Gesamtmasse von 250 Milliarden Sonnenmassen ($\approx 5 \cdot 10^{41}$ kg).

Weltall (Kosmos)

Die Summe aller Nebel, Sternhaufen, Dunkelwolken usw. bildet das Weltall (Kosmos). Nach den bisherigen Annahmen beträgt das Gesamtvolumen etwa 10^{78} m³ bei einer Gesamtmasse von etwa 10^{53} kg. Die mittlere durchschnittliche Massendichte beträgt 1 g auf 10^{22} m³. Es ist gelungen, bis zu Entfernungen von zwölf Milliarden Lichtjahren vorzudringen. Das größte Lichtfernrohr der Welt hat einen Spiegel von über 5 m Durchmesser und steht in der UdSSR. Es hat eine Reichweite von über zwei Milliarden Lichtjahren. In diesem erforschbaren Raum des Weltalls befinden sich über eine Milliarde Milchstraßen. Die Untersuchungen haben auch ergeben, daß das Weltall sich ständig ausdehnt. Die mathematische Berechnung gibt als Höchstzahl $2 \cdot 10^{12}$ Nebel (Milchstraßen) an.

Genormte mathematische Zeichen (DIN 1302)

Zeichen	Verwendung	Sprechweise (Definition)
1. Pragmatische Zeichen		
$\approx$	$x \approx y$	x ist ungefähr gleich y
$\ll$	$x \ll y$	x ist klein gegen y
$\gg$	$x \gg y$	x ist groß gegen y
$\triangleq$	$x \triangleq y$	x entspricht y
2. Elementare Arithmetik und Algebra		
$=$	$x = y$	x gleich y
$\neq$	$x \neq y$	x ungleich y
$<$	$x < y$	x kleiner als y
$\leq$	$x \leq y$	x kleiner oder gleich y, x höchstens gleich y
$>$	$x > y$	x größer als y
$\geq$	$x \geq y$	x größer oder gleich y, x mindestens gleich y
$+$	$x + y$	x plus y, Summe von x und y
$-$	$-x$	minus x, Negatives von x
$-$	$(x - y)$	x minus y, Differenz von x und y
$\cdot$	$x \cdot y$ oder xy	x mal y, Produkt von x und y
$^{-1}$	x^{-1}	x hoch minus 1, Reziprokes von x
$-$ oder $/$	$\dfrac{x}{y}$ oder x/y	x durch y, Quotient von x und y
	x^n	x hoch n, n-te Potenz von x
Σ	$\displaystyle\sum_{i=1}^{n} x_i$	Summe über x_i von i gleich 1 bis n
Π	$\displaystyle\prod_{i=1}^{n} x_i$	Produkt über x_i von i gleich 1 bis n

Zeichen	Verwendung	Sprechweise (Definition)

3. Elementare Zahlentheorie

Zeichen	Verwendung	Sprechweise (Definition)
$\cong$	$x \cong y$	x, y sind assoziiert
|	$x\|y$	x teilt y
$\nmid$	$x \nmid y$	x teilt nicht y
$\equiv$	$x \equiv y \bmod m$ oder $x \equiv y \, (m)$	x kongruent y modulo m

4. Kombinatorik

Zeichen	Verwendung	Sprechweise (Definition)
	$n!$	n Fakultät
	$\binom{n}{s}$	n über s

5. Zahlen

Zeichen	Verwendung	Sprechweise (Definition)
π		$\pi = 3{,}141592653\ldots$
e		$e = 2{,}718281828\ldots$; $\exp(1)$
i oder j		imaginäre Einheit; i ist eine Nullstelle des Polynoms $z^2 + 1$, sie genügt der Bedingung $i^2 = -1$
	(a, b)	offenes Intervall von a bis b $\{x \mid a < x < b\}$
	(a, ∞)	offenes unbeschränktes Intervall ab a $\{x \mid a < x\}$
	$[a, b]$	abgeschlossenes Intervall von a bis b $\{x \mid a \le x \le b\}$
	$[a, \infty]$	abgeschlossenes unbeschränktes Intervall ab a $\{x \mid a \le x\}$
	$[a, b)$	linksseitig abgeschlossenes und rechtsseitig offenes Intervall von a bis b $\{x \mid a \le x \, b\}$
$\sqrt{}$	$\sqrt{x}$	Wurzel (Quadratwurzel) aus x
$\sqrt[n]{}$	$\sqrt[n]{x}$	n-te Wurzel aus x; das y mit $y \ge 0$ und $y^n = x$
| |	$\|z\|$	Betrag von z
Arc	Arc z	Arcus von z; das x mit $0 \le x < 2\pi$ und $z = \|z\| \exp(i\,x)$

Zeichen	Verwendung	Sprechweise (Definition)
sgn	sgn x	Signum von x $\text{sgn } x = \begin{cases} 1, \text{ wenn } x > 0 \\ 0, \text{ wenn } x = 0 \\ -1, \text{ wenn } x < 0 \end{cases}$
[ ]	$[x]$	größte ganze Zahl kleiner oder gleich x; das $y \in \mathbb{Z}$ mit $y \leq x < y + 1$

6. Elementare Geometrie

Zeichen	Verwendung	Sprechweise (Definition)
$\perp$	$g \perp h$	g ist orthogonal zu h
$\parallel$	$g \parallel h$	g ist parallel zu h
$\uparrow\uparrow$	$g \uparrow\uparrow h$	g und h sind gleichsinnig parallel
$\uparrow\downarrow$	$g \uparrow\downarrow h$	g und h sind gegensinnig parallel
$\sphericalangle$	$\sphericalangle (g, h)$	(nicht orientierter) Winkel zwischen g und h
$\sphericalangle$	$\sphericalangle (g, h)$	orientierter Winkel zwischen g und h
	PQ	Gerade P, Q; Verbindungsgerade von P und Q
	$g\,h$	Punkt g, h; Schnittpunkt von g und h
—	$\overline{PQ}$	Strecke von P nach Q
d	$d(P, Q)$	Abstand (Distanz) von P und Q
$\triangle$	$\triangle (PQR)$	Dreieck PQR
$\odot$	$\odot (P, r)$	Kreis um P mit Radius r
$\cong$	$M \cong N$	M ist kongruent zu N

7. Grenzwerte

Zeichen	Verwendung	Sprechweise (Definition)
lim	$a = \lim\limits_{n\to\infty} a_n$	a ist Limes der Folge (a_n), die Folge (a_n) konvergiert gegen a zu jedem $\varepsilon > 0$ gibt es ein n_0, so daß für alle $n > n_0$ gilt $\|a - a_n\| < \varepsilon$
$\sum\limits_{n=0}^{\infty}$	$a = \sum\limits_{n=0}^{\infty} a_n$	a ist die Summe der Reihe $\sum\limits_{n=0}^{\infty} a_n$; $a = \lim\limits_{m\to\infty} \left(\sum\limits_{n=0}^{m} a_n \right)$

Zeichen	Verwendung	Sprechweise (Definition)
lim	$a = \lim\limits_{x \to x_0} f(x)$	a ist Limes von $f(x)$ für x gegen x_0; zu jedem $\varepsilon > 0$ gibt es ein $\delta > 0$, so daß für alle $x \in D(f)$ mit $|x - x_0| < \delta$ gilt $|f(x) - a| < \varepsilon$

8. Differentiation

Zeichen	Verwendung	Sprechweise (Definition)
	$f'(x_0)$ $\dfrac{df(x)}{dx}\bigg|_{x.}$	f Strich von x_0, $df(x)$ nach dx an der Stelle x_0; Ableitung von f an der Stelle x_0
	f' $\dfrac{df(x)}{dx}$	f Strich, $df(x)$ nach dx, Ableitung von f $\langle x \mapsto f'(x) \rangle$
	$\dot{f}$	f Punkt; $\dot{f} = f'$
	$f'', f''', \ldots, f^{(n)}$ $\dfrac{d^n f(x)}{dx^n}$	f zwei Strich, f drei Strich, …, f n-Strich, n-te Ableitung, Ableitung n-ter Ordnung
	$f'_k(x_0)$ $\dfrac{\partial f(x)}{\partial x_k}\bigg|_{x_0}$	f partiell nach dem k-ten Argument in x_0, d partiell $f(x)$ nach dx_k in x_0
	f'_k $\dfrac{\partial f(x)}{\partial x_k}$	f partiell nach dem k-ten Argument; $\langle x \mapsto f'_k(x) \rangle$ d partiell $f(x)$ nach dx_k

9. Integration

Zeichen	Verwendung	Sprechweise (Definition)
$\overline{S}$	$\overline{S}(f, \mathscr{Z})$	Obersumme von f bezüglich der Zerlegung $\mathscr{Z}$ $\sum\limits_{i=0}^{n} \sup \{f(x) \mid a_i \leq x \leq a_{i+1}\} \cdot (a_{i+1} - a_i)$
$\underline{S}$	$\underline{S}(f, \mathscr{Z})$	Untersumme von f bezüglich der Zerlegung $\mathscr{Z}$ $\sum\limits_{i=0}^{n} \inf \{f(x) \mid a_i \leq x \leq a_{i+1}\} \cdot (a_{i+1} - a_i)$
$\int$	$\displaystyle\int_a^b f(x)\,Gx$	Integral über $f(x)\,dx$ von a bis b,
	$\displaystyle\int_a^b f$	Integral über f von a bis b
		F ist Stammfunktion von f; $F' = f$
	$F(x)\bigg|_{x=a}^{x=b}$	$F(x)$ zwischen den Grenzen für x von a bis b,
	$F\bigg|_a^b$	F zwischen den Grenzen a und b; $F(b) - F(a)$
		F ist unbestimmtes Integral von f. Für alle $x_1, x_2 \in I$ mit $x_1 < x_2$ gilt: $\displaystyle\int_{x_1}^{x_2} f(x)\,dx = F\bigg|_{x_1}^{x_2}$

Zeichen	Verwendung	Sprechweise (Definition)

10. Exponentialfunktion und Logarithmus

Zeichen	Verwendung	Sprechweise (Definition)
exp	$\exp z$	Exponentialfunktion von z; $\sum\limits_{k=0}^{\infty} \dfrac{z^k}{k!}$
ln	$\ln x$	natürlicher Logarithmus von x
	x^z	x hoch z; $\exp(z \ln x)$
log	$\log_y x$	Logarithmus von x zur Basis y; $\dfrac{\ln x}{\ln y}$
lg	$\lg x$	dekadischer Logarithmus von x; $\log_{10} x$
lb	$\operatorname{lb} x$	binärer Logarithmus von x; $\log_2 x$

11. Trigonometrische und Hyperbel-Funktionen sowie deren Umkehrung

Zeichen	Verwendung	Sprechweise (Definition)
sin cos tan cot	Sinus Cosinus Tangens Cotangens	Trigonometrische Funktionen $\sin^n x = (\sin x)^n$
arcsin arccos arctan arccot	Arcussinus Arcuscosinus Arcustangens Arcuscotangens	Arcusfunktionen, Umkehrungen der trigonometrischen Funktionen
sinh cosh tanh coth	Hyperbelsinus Hyperbelcosinus Hyperbeltangens Hyperbelcotangens	Hyperbelfunktionen $\sinh^n x = (\sinh x)^n$ Bei den Hyperbelfunktionen können auch kürzere Bezeichnungen wie sh, ch, th, cth verwendet werden.
arsinh arcosh artanh arcoth	Areasinus Areacosinus Areatangens Areacotangens	Areafunktionen der Hyperbel, Umkehrungen der Hyperbelfunktionen

Griechisches Alphabet
53.

A	α	Alpha	H	η	Eta	N	ν	Nü	T	τ	Tau
B	β	Beta	Θ	ϑ	Theta	Ξ	ξ	Ksi	Υ	υ	Ypsilon
Γ	γ	Gamma	I	ι	Jota	O	o	Omikron	Φ	φ	Phi
Δ	δ	Delta	K	$\varkappa$	Kappa	Π	π	Pi	X	χ	Chi
E	ε	Epsilon	Λ	λ	Lambda	P	ρ	Rho	Ψ	ψ	Psi
Z	ζ	Zeta	M	μ	Mü	Σ	σ	Sigma	Ω	ω	Omega

Zeichen (Symbol)	Bedeutung	Beispiel
A, B, ...	Namen (Symbole) für Mengen	
$\{a, b, c\}$	Menge mit den Elementen a, b, c	$A = \{1;\ 2;\ 3\}$
$A \backslash B$ oder $\complement_A B$	A ohne B, Differenzmenge von A und B	$A \backslash B = \{z \mid z \in A \land z \notin B\}$
$-A$ oder $\complement A$	Komplement von A	$-A = \{z \mid z \notin A\}$
$\mathscr{P} M$	Potenzmenge von M, Menge aller Teilmengen von M	$\mathscr{P} M = \{X \mid X \subseteq M\}$
$\mathbb{N}^*$	Menge der natürlichen Zahlen ohne die Null	$\mathbb{N}^* = \{1;\ 2;\ 3;\ ...\}$
$\mathbb{N}$	Menge der natürlichen Zahlen einschließlich der Null	$\mathbb{N} = \{0;\ 1;\ 2;\ 3;\ ...\}$
$\mathbb{Z}$	Menge der ganzen Zahlen	$\mathbb{Z} = \{...;\ -2;\ -1;\ 0;\ 1;\ 2;\ ...\}$
$\mathbb{Z}_+^*$	Menge der positiven ganzen Zahlen	$\mathbb{Z}_+^* = \{1; 2; 3; ...\} = \mathbb{N}^*$
$\mathbb{Z}_+$	Menge der nicht negativen ganzen Zahlen	$\mathbb{Z}_+ = \{0; 1; 2; 3; ...\} = \mathbb{N}$
$\mathbb{Z}_-$	Menge der nicht positiven ganzen Zahlen	$\mathbb{Z}_- = \{0; -1; -2; -3; ...\}$
$\mathbb{Z}_-^*$	Menge der negativen ganzen Zahlen	$\mathbb{Z}_-^* = \{-1; -2; -3; ...\}$
$\mathbb{Q}$	Menge der rationalen Zahlen	$\mathbb{Q} = \left\{ x \mid x = \dfrac{a}{b};\ a \in \mathbb{Z};\ b \in \mathbb{Z}^* \right\}$
$\mathbb{Q}^*, \mathbb{Q}_+^*, \mathbb{Q}_-^*$ $\mathbb{Q}_+, \mathbb{Q}_-$	Teilmengen der rationalen Zahlen analog $\mathbb{Z}$	
$\mathbb{R}$	Menge der reellen Zahlen	
$\mathbb{R}^*, \mathbb{R}_+^*, \mathbb{R}_-^*$ $\mathbb{R}_+, \mathbb{R}_-$	Teilmengen der reellen Zahlen analog $\mathbb{Z}$	
G	Menge der geraden Zahlen	$G = \{...;\ -4; -2; 2; 4; ...\}$
G_+, G_-	Teilmengen von G	$G_+ = \{2;\ 4;\ 6;\ ...\}$ $G_- = \{-2;\ -4;\ -6;\ ...\}$
U	Menge der ungeraden Zahlen	$U = \{...;\ -3;\ -1;\ 1;\ 3;\ ...\}$
U_+, U_-	Teilmengen von U	$U_+ = \{1;\ 3;\ 5;\ ...\}$ $U_- = \{-1;\ -3;\ -5;\ ...\}$
P	Menge der Primzahlen, jede Zahl ist > 1 und nur durch 1 und durch sich selbst teilbar	$P = \{2;\ 3;\ 5;\ 7;\ ...\}$
$\lvert A \rvert$ oder card A	Kardinalzahl der Menge A	$A = \{a, b, c\};\ \lvert A \rvert = 3$

Zeichen (Symbol)	Bedeutung	Beispiel
L	Lösungsmenge	
$\{x\mid\ldots\}$	Menge aller x, für die gilt: ...	$\{x \mid x \text{ ist eine ganze Zahl}\}$
$\emptyset$	die leere Menge	$\{z \mid z \neq z\}$
$\setminus$	Menge A ohne die Menge B	$A \setminus B$
$\in$	... Element von ...	$5 \in \mathbb{N}$
$\notin$	... nicht Element von ...	$0{,}5 \notin \mathbb{Z}$
$\sim$	... gleichmächtig mit ...	$A \sim A$
$\nsim$	... nicht gleichmächtig mit ...	$A \nsim B$
$\subseteq$ oder $\subset$	... Teilmenge von ...	$\mathbb{N} \subseteq \mathbb{Z};\ \mathbb{N} \subseteq \mathbb{N}$
$\supseteq$	... enhält ...	$\mathbb{Z} \supseteq \mathbb{N}$ ($\mathbb{Z}$ enthält $\mathbb{N}$)
$\subsetneq$	... ist echt enthalten in....	$\mathbb{N} \subsetneq \mathbb{Z}$ $\mathbb{N} \subseteq \mathbb{Z} \wedge \mathbb{N} \neq \mathbb{Z}$
$\nsubseteq$	... nicht Teilmenge von ...	$\mathbb{Z} \nsubseteq \mathbb{N}$
$\cup$	... vereinigt mit ...	$G_+ \cup G_- = G$
$\cap$	... geschnitten mit ... ... Durchschnitt ...	$A \cap B$
$\Rightarrow$	... daraus folgt ... aus ... folgt ... folglich ist ...	$A = \{1;\ 2;\ 3\} \Rightarrow 2 \in A$
$\Leftrightarrow$	... gilt genau dann, wenn ... ... ist äquivalent mit ... ... ist gleichwertig mit ...	$3x = 6 \Leftrightarrow x = 2$
$\neg$	Negation (nicht)	$\neg A$ \qquad nicht A
$\wedge$	... und ... sowohl ... als auch ...	$2 \in \mathbb{N} \wedge 2 \in \mathbb{Z}$ (Konjunktion)
$\vee$	... oder ... entweder ... oder ... oder beide	$a \in A \vee a \in B$ (Disjunktion)
T	Term	$T = 2a^2 b$
$T(x)$	T von x; Term mit der Variablen x	$T(x) = \dfrac{3x^2}{5}$
A	Aussage, Aussageform	$A: 3 + 2 = 5$
$A(x)$	A von x; Aussageform mit der Variablen x	$A(x): 3x = 6;\ A(x): 2x < 7$
$\wedge$ oder $\forall$	Allquantor (für alle ...)	
$\bigwedge x\, A(x)$ — oder — $\bigwedge\limits_{x \in M} A(x)$	Für alle x gilt: $A(x)$ Für alle $x \in M$ gilt: $A(x)$	$\bigwedge x\ (x^2 \geq 0)$ $\bigwedge\limits_{x \in \mathbb{R}} (x^2 \geq 0)$

Zeichen (Symbol)	Bedeutung	Beispiel
$\vee$ oder $\exists$	Existenzquantor (es gibt ein …)	
$\underset{x}{\vee} A(x)$ oder $\underset{x}{\vee} A(x)$	Es gibt (mindestens) ein x, für das gilt: $A(x)$	$\underset{}{\vee}\, x \in \mathbb{R}\,(x^2 = 4)$ $\underset{x \in \mathbb{R}}{\vee}(x^2 = 4)$
$\overset{1}{\underset{x}{\vee}} A(x)$	Es gibt genau ein x, für das gilt: $A(x)$	$\overset{1}{\underset{x \in \mathbb{N}}{\vee}}\, x + 3 = 5$
G	Gleichung	$G: 5 + 3 = 8$
$G(x)$	G von x; Gleichungsform mit der Variablen x	$G(x): 2x + 3 = 7$
U	Ungleichung	$U: 2 < 7 - 1$
$U(x)$	U von x; Ungleichungsform mit der Variablen x	$U(x): 2x > 3 + a$
D	Definitionsbereich; Argumentbereich	$D = \{\dots\}$
$D(T)$	Definitionsbereich des Terms T	
$D(G)$; $D(U)$	Definitionsbereich einer Gleichung (Ungleichung)	
W	Wertebereich	
$A \times B$	Produktmenge, Paarmenge, kartesisches Produkt	$A \times B = \{x,y \mid x \in A \wedge y \in B\}$
$\langle x, y \rangle$ oder (x, y) oder $(x; y)$ oder $(x \mid y)$	geordnetes Paar (verschiedene Schreibweisen)	$\langle 3, 4 \rangle$ oder $(3, 4)$ oder $(1,2; 3,2)$ oder $(1,2 \mid 3,4)$
R	Relation (Paarmenge)	$R = \{(a,b); (c,d)\}$
$x\,R\,y$	x steht in Relation mit y	
R^{-1}	Umkehrrelation zu R	$R^{-1} = \{(b,a); (d,c)\}$
$\to$ oder $\curvearrowright$	Zuordnungspfeil; eindeutige Zuordnung	$a \to b$; $a \curvearrowright b$
$\longleftrightarrow$ oder $\curvearrowleft$	eineindeutige Zuordnungspfeile	$a \longleftrightarrow b$; $a \curvearrowright b$
$\langle \mapsto \rangle$	Funktionsbildungsoperator	$\langle x \mapsto 2\,x^2 \rangle$
f	Funktion	$f = \langle x \mapsto 2x^2 \mid x \in \mathbb{R} \rangle$
f^{-1}	Umkehrfunktion zu f	
ggT	größter gemeinsamer Teiler	
kgV	kleinstes gemeinsames Vielfaches	
HN	Hauptnenner	
Tx	Teilermenge der Zahl x	$T_{30} = \{1; 2; 3; 5; 6; 10; 15; 30\}$
Vx	Vielfachenmenge der Zahl x	$V_8 = \{8; 16; 24; 32; \dots\}$
$A, B, C, \dots$	Punkte	

Zeichen (Symbol)	Bedeutung	Beispiel
$\mathbb{E}$	Ebene	
l	Linie	
$g_1, g_2, \ldots$	Gerade	
$\vec{g_1}, \vec{g_2}, \ldots$	Speer	
$\overleftarrow{g_1}, \overrightarrow{g_2}$	Halbgerade (Strahl)	
$s_1, \quad s_2$	Strahl (Halbgerade)	
$\overline{AB},$	Länge der Strecke von A bis B	
$\overrightarrow{AB}, \mathfrak{a}, \vec{\mathfrak{a}}$	Vektor	
$W(\alpha)$	Winkelfeld des Winkels α	
$\sphericalangle ASB$ $\sphericalangle (s_1, s_2)$	Winkel, $\sphericalangle \overline{ASB}$ und $\sphericalangle (\overline{s_1, s_2})$ sind Winkelgrößen	
$\alpha (A; AB)$	Winkel α im Punkt A an AB	
R	rechter Winkel	
M'	Bildpunkt von M	
	Abbildungssymbole:	
$P \xrightarrow{\quad g \quad} P'$	Achsenspiegelung an g (S_g)	
$P \xrightarrow{\quad \mathfrak{a} \quad} P'$	Verschiebung um $\mathfrak{a}$ ($V_\mathfrak{a}$)	
$P \xrightarrow{\quad S; \alpha \quad} P'$	Drehung um S und α (D_α)	$P \xrightarrow{\quad S; 30° \quad} P'$
$P \xrightarrow{\quad Z \quad} P'$	Punktspiegelung in bezug auf das Zentrum Z (S_Z)	
$P \xrightarrow{\quad g; \mathfrak{a} \quad} P'$	Schubspiegelung an g um $\mathfrak{a}$ ($S_g, \mathfrak{a}$)	
$P \xrightarrow{\quad \overline{AB} \quad} P'$	Scherung, unter Beibehaltung der Strecke $\overline{AB}$	
$P \xrightarrow{\quad Z; k \quad} P'$	Streckung (zentrische) in bezug auf das Zentrum Z mit dem Streckungsfaktor k	$P \xrightarrow{\quad Z; 3 \quad} P'$
$P \xrightarrow{\quad Z; k; \pi \quad} P'$	Drehstreckung in bezug auf das Zentrum Z mit dem Streckungsfaktor k um den Winkel α	$P \xrightarrow{\quad Z; \frac{1}{3}; 60° \quad} P'$
$P \xrightarrow{\quad Z; k; g \quad} P'$	Streckspiegelung in bezug auf das Zentrum $Z \in g$ mit k und an g	
$\circ$	Verknüpfung mit	$D\alpha \circ D\beta$
$\bigcirc (M, r)$	Kreis um M mit r	
$\| (AB, h)$	Parallele zu AB im Abstand h	
$\| (AB, B)$	Parallele zu AB durch B	
$AC (C)$	AC über C hinaus verlängern	
$\overarc{AB}$	Bogen von A nach B (Punktmenge)	

58. Axiome

	Addieren	Multiplizieren

Existenzgesetz (Abgeschlossenheit)

Jedem $a, b \in M$ ist genau ein $c \in M$ zugeordnet.

E‡	$a \circ b = c$

$\circ \triangleq$ Verknüpft mit

E+
$$a + b = c$$

E·
$$a \cdot b = c$$

Assoziativgesetz

Für alle $a, b, c \in M$ gilt:

A‡	$(a \circ b) \circ c = a \circ (b \circ c)$

A+
$$(a + b) + c = a + (b + c)$$

A·
$$(a \cdot b) \cdot c = a \cdot (b \cdot c)$$

Neutrales Element

Es gibt genau ein $e \in M$, so daß für alle $a \in M$ gilt:

N‡	$a \circ e = e \circ a = a$

N+
$$a + 0 = 0 + a = a$$

N·
$$a \cdot 1 = 1 \cdot a = a$$

Inverses Element

Zu jedem $a \in M$ gibt es genau ein $a^* \in M$ mit:

I‡	$a \circ a^* = a^* \circ a = e$

I+
$$a + (-a) = (-a) + a = 0$$

I·
$$a \cdot \frac{1}{a} = \frac{1}{a} \cdot a = 1 \qquad a \neq 0$$

Kommutativgesetz

Für alle $a, b \in M$ gilt:

K‡	$a \circ b = b \circ a$

K+
$$a + b = b + a$$

K·
$$a \cdot b = b \cdot a$$

Distributivgesetz

Für alle $a, b, c \in M$ gilt:

D·
$$a \cdot (b + c) = a \cdot b + a \cdot c$$

Einzigkeitsgesetz

Von den drei Aussageformen wird bei jeder Einsetzung genau eine wahr.

E≤
$$a < b; \ a = b; \ a > b$$

Monotoniegesetz der Addition

Für alle $a, b, c \in M$ gilt:

M+
$$a < b \Leftrightarrow a + c < b + c$$

Monotoniegesetz der Multiplikation

Für alle $a, b, c \in M$ gilt:

M·
$$a < b \Leftrightarrow a \cdot c < b \cdot c \qquad \text{für } c > 0$$
$$a < b \Leftrightarrow a \cdot c > b \cdot c \qquad \text{für } c < 0$$

Eine Menge M heißt bezüglich einer betrachteten Verknüpfung (+ oder ·) eine **Gruppe**, wenn in ihr nebenstehende Verknüpfungsgesetze gelten.

Gruppe
(geltende Axiome)

E$^\pm$ $\quad a \bigcirc b = c$	*Existenzgesetz*
A$^\pm$ $\quad (a \bigcirc b) \bigcirc c = a \bigcirc (b \bigcirc c)$	*Assoziativgesetz*
N$^\pm$ $\quad a \bigcirc e = e \bigcirc a = a$	*Neutrales Element*
I$^\pm$ $\quad a \bigcirc a^* = a^* \bigcirc a = e$	*Inverses Element*

Eine Menge M heißt eine **kommutative Gruppe**, wenn neben den Verknüpfungsgesetzen für die Gruppe außerdem das Verknüpfungsgesetz **K$^\pm$** gilt.

Kommutative Gruppe
(geltende Axiome)

E$^\pm$	**A$^\pm$**	**N$^\pm$**	**I$^\pm$**

K$^\pm$ $\quad a \bigcirc b = b \bigcirc a$	*Kommutativgesetz*

Eine Menge M heißt ein **Ring**, wenn sie folgende Bedingungen erfüllt:

1. Sie ist bezüglich der Addition eine kommutative Gruppe.

2. In ihr gelten bezüglich der Multiplikation die Axiome **E·** und **A·** .

3. In ihr gilt das Axiom **D** .

Ring
(geltende Axiome)

E+	**A+**	**N+**	**I+**	**K+**

E·	*Existenzgesetz*
A·	*Assoziativgesetz*
D	*Distributivgesetz*

Gilt auch das Axiom **K·** , so ist der Ring bezüglich der Multiplikation kommutativ (*kommutativer Ring*). Es gibt auch Ringe mit dem *Eins-Element*, bei ihnen gilt das Axiom **N·** .

Eine Menge M heißt ein **Körper**, wenn sie folgende Bedingungen erfüllt:

1. Sie ist bezüglich der Addition eine kommutative Gruppe.

2. Die Menge M\{0} bildet bezüglich der Multiplikation eine kommutative Gruppe.

3. In der Menge M gilt das Distributivgesetz.

Körper
(geltende Axiome)

E+	**A+**	**N+**	**I+**	**K+**
E·	**A·**	**N·**	**I·**	**K·**
D				

Ein Körper M heißt bezüglich der Ordnungsrelation ein **angeordneter Körper**, wenn er folgende Eigenschaften hat:

1. Es gilt das Einzigkeitsgesetz.

2. Es gelten die Monotoniegesetze.

Angeordneter Körper
(geltende Axiome)

E+	$\ldots$	**D**	*Körperaxiome*
E$\leq$			
M+	**M·**		

Rechengesetze	Vertauschungsgesetz (Kommutativgesetze)	$A \cup B = B \cup A$ $a + b = b + a$	$A \cap B = B \cap A$ $a \cdot b = b \cdot a$
	Verbindungsgesetz (Assoziativgesetze)	$A \cup (B \cup C) = (A \cup B) \cup C$ $a + (b + c) = (a + b) + c$	$A \cap (B \cap C) = (A \cap B) \cap C$ $a \cdot (b \cdot c) = (a \cdot b) \cdot c$
	Verteilungsgesetz (Distributivgesetz)	1. $A \cap (B \cup C) = (A \cap B) \cup (A \cap C)$ 2. $A \cup (B \cap C) = (A \cup B) \cap (A \cup C)$ $a \cdot (b + c) = a \cdot b + a \cdot c$	

Rechenart	**Hinweis**	**Formel**
Addition	Man addiert bei gleichartigen Summanden die Beizahlen. Man kann die Summanden vertauschen. Nur gleichartige Terme kann man zusammenfassen.	*Alle Variablen sind Elemente von* $\mathbb{R}^+$. Summanden $3a + a + 4a = 8a$ Summe $3a + a + 4a = a + 3a + 4a$ $2a + 3a + 5b + 4b = 5a + 9b$
Subtraktion	Man subtrahiert bei gleichartigen Termen die Beizahlen. Nur gleichartige Terme lassen sich subtrahieren.	Minuend Subtrahend $5a - 2a = 3a$ Differenz $8a - 2a - 3b = 6a - 3b$
Addition und Subtraktion	Gleiche Zeichen ergeben $+$, ungleiche Zeichen ergeben $-$.	$6a + (+ 2a) = 6a + 2a = 8a$ $6a - (- 2a) = 6a + 2a = 8a$ $6a + (- 2a) = 6a - 2a = 4a$ $6a - (+ 2a) = 6a - 2a = 4a$
Das Rechnen mit Klammern	Steht ein Pluszeichen vor der Klammer, so kann man die Klammer weglassen. Ein Minuszeichen verändert alle Vorzeichen in der Klammer; die Terme erhalten entgegengesetzte Rechenzeichen. Bei mehreren Klammern von innen nach außen auflösen.	$a + (b + c - d) = a + b + c - d$ $a - (b + c - d) = a - b - c + d$ $a - \{b + [c - (d + e)]\}$ $= a - \{b + [c - d - e]\}$ $= a - \{b + c - d - e\}$ $= a - b - c + d + e$
Multiplizieren	Multiplikation = wiederholte Addition.	b Summanden Faktoren $a + a + \ldots + a = a \cdot b = c$ $b \in \mathbb{N}$ Summe Produkt
	Zwischen Faktoren, nicht aber zwischen zwei Zahlen, kann man das Malzeichen weglassen.	$4 \cdot a = 4a$ $5 \cdot 2 \cdot a \cdot b = 5 \cdot 2ab = 10ab$
	Man kann die Faktoren vertauschen.	$b \cdot a \cdot c = a \cdot b \cdot c = abc$ $b \cdot a \cdot c \cdot 3 \cdot 4 = 12abc$

Rechenart	Hinweis	Formel
Multiplizieren	Ist in einem Produkt ein Faktor 0, so ist der Wert des ganzen Produktes gleich Null.	$3 \cdot 0 = 0$ $a \cdot 0 = 0$ $10 \cdot a \cdot 0 \cdot b = 0$
	Man multipliziert die Zahlen und die Variablen.	$4a \cdot 5b = 4 \cdot 5 \cdot ab = 20ab$
	Gleiche Vorzeichen ergeben $+$, ungleiche Vorzeichen ergeben $-$.	$(+\,a) \cdot (+\,b) = +\,ab$ $(-\,a) \cdot (-\,b) = +\,ab$ $(-\,a) \cdot (+\,b) = -\,ab$ $(+\,a) \cdot (-\,b) = -\,ab$ $a, b > 0$
	Man multipliziert jeden Term einer algebraischen Summe mit dem Faktor.	$n \cdot (a - b + c) = na - nb + nc$
	Man multipliziert jeden Term der einen Summe mit jedem Term der anderen Summe.	$(a + b) \cdot (c - d + x) = ac - ad + ax + bc - bd + bx$
	Einen gemeinsamen Faktor kann man ausklammern.	$an + bn - n = n(a + b - 1)$
Dividieren	Division = Bruchrechnung.	Dividend Divisor Nenner $\neq 0$ $\dfrac{a}{b} = a : b = c$ Quotient
	Zähler und Nenner darf man nicht vertauschen. Man erhält den Kehrwert des Bruches (Bruchzahl).	$\dfrac{a}{b} \div \dfrac{b}{a} \qquad \dfrac{2}{3} \div \dfrac{3}{2}$ Kehrwert
	Gleiche Vorzeichen ergeben $+$, ungleiche Vorzeichen ergeben $-$.	$\dfrac{+\,a}{+\,b} = +\dfrac{a}{b} = \dfrac{a}{b}$ $\dfrac{-\,a}{-\,b} = +\dfrac{a}{b} = \dfrac{a}{b}$ $\dfrac{+\,a}{-\,b} = -\dfrac{a}{b}$ $\dfrac{-\,a}{+\,b} = -\dfrac{a}{b}$ $a, b > 0$
	Beim Kürzen Zähler und Nenner durch die gleiche Zahl teilen.	$\dfrac{3\,a\,b}{6\,b\,c} = \dfrac{a}{2\,c}$
	Man kann nur Faktoren kürzen; oder es müssen alle Summanden gekürzt werden.	$\dfrac{x\,z\,(a + b - c)}{a\,x\,z} = \dfrac{a + b - c}{a}$ $\dfrac{axz + bxz - cxz}{a\,x\,z} = \dfrac{a + b - c}{a}$
	Beim Erweitern Zähler und Nenner mit der gleichen Zahl multiplizieren.	$\dfrac{a}{b} = \dfrac{a\,c}{b\,c}$ erweitert mit c
	Man multipliziert die Zähler und die Nenner.	$\left(\dfrac{a}{b} \cdot \dfrac{c}{d}\right) \cdot x = \dfrac{a \cdot c \cdot x}{b \cdot d} = \dfrac{acx}{bd}$
	Man multipliziert den ersten Bruch mit dem Kehrwert der folgenden Brüche.	$\left(\dfrac{a}{b} : \dfrac{c}{d}\right) : x = \left(\dfrac{a}{b} \cdot \dfrac{d}{c}\right) \cdot \dfrac{1}{x} = \dfrac{ad}{bcx}$
	Man dividiert jeden Summanden durch den Nenner.	$\dfrac{a + b - c}{x} = \dfrac{a}{x} + \dfrac{b}{x} - \dfrac{c}{x}$

Rechenart	Hinweis	Formel
Potenzieren	Ein Produkt aus gleichen Faktoren kann man als Potenz schreiben.	$\underbrace{a \cdot a \cdot a \cdot a}_{\text{Produkt}} = \underbrace{a}_{\text{Potenz}}$ $4 \rightarrow \textit{Exponent} \in \mathbb{N}$ $a \rightarrow \textit{Basis} \in \mathbb{R}$
	Der Potenzwert ist positiv, wenn die Basis positiv ist oder wenn der Exponent eine gerade Zahl ist.	$(+\,a)^n = +\,a^n$ $(\pm\,a)^{2n} = +\,a^{2n}$ $a \in \mathbb{R}_+^*;\ \ n \in \mathbb{N}$
	Negative Basis und ungerader Exponent ergeben einen negativen Potenzwert.	$(-\,a)^{2n-1} = -\,a^{2n-1}$ $a^1 = a;\ a^0 = 1$
	Nur Potenzen mit gleichen Exponenten und gleichen Basen lassen sich zusammenfassen.	$6a^4 + 8a^4 + 2a^2 - a^2 = 14a^4 + a^2$
	Die Exponenten werden addiert.	$a^m \cdot a^n = a^{m+n}$
	Jeder Faktor wird potenziert.	$(a \cdot b)^n = a^n \cdot b^n$
	Die Exponenten werden subtrahiert.	$\dfrac{a^m}{a^n} = a^{m-n};\ \ a^n \neq 0$
	Man potenziert Zähler und Nenner.	$\left(\dfrac{a}{b}\right)^n = \dfrac{a^n}{b^n};\ \ \ \ b \neq 0$
	Werden Zähler und Nenner vertauscht, so ändern sich die Vorzeichen der Exponenten.	$\dfrac{a^{-x}}{b^n} = \dfrac{b^{-n}}{a^x} = \dfrac{1}{a^x \cdot b^n}$
	Die Exponenten werden multipliziert.	$(a^m)^n = a^{m \cdot n}$
	Man kann die Exponenten vertauschen.	$(a^m)^n = (a^n)^m = a^{m \cdot n}$
	Zerlegen in Faktoren.	$a^2 - b^2 = (a+b) \cdot (a-b)$ $a^3 + b^3 = (a^2 - ab + b^2) \cdot (a+b)$ $a^3 - b^3 = (a^2 + ab + b^2) \cdot (a-b)$ $a^4 - b^4 = (a^2 + b^2) \cdot (a+b) \cdot (a-b)$
	Potenzieren von Summen (siehe auch Binomischer Satz).	$(a+b)^2 = a^2 + 2ab + b^2$ $(a-b)^2 = a^2 - 2ab + b^2$ $(a+b)^3 = a^3 + 3a^2b + 3ab^2 + b^3$ $(a-b)^3 = a^3 - 3a^2b + 3ab^2 - b^3$ $(a+b+c)^2 =$ $= a^2 + b^2 + c^2 + 2ab + 2ac + 2bc$
Potenzieren, Radizieren	Den Wurzelexponenten 2 läßt man fort.	$\textit{Wurzelexponent}$ $\sqrt[n]{a} = b$ $n \in \mathbb{N}^*$ $a > 0$ $\textit{Basis}$
	Der Wurzelwert ist positiv.	$\sqrt[2n]{a} = b,\ a > 0$
	Der Wurzelwert hat das Vorzeichen der Basis.	$\sqrt[2n-1]{a} = +\,b;\ \ \sqrt[2n-1]{-a} = -\,b,\ \ a, b > 0$

Rechenart	Hinweis	Formel
Potenzieren, Radizieren	Definitionen	$\left(\sqrt[n]{a}\right)^n = a$ $\quad a \in \mathbb{R}_+;\ n \in G_+$ $\sqrt[n]{a^n} = |a|$ $\quad a \in \mathbb{R}_+;\ n \in \mathbb{Q}_+$ $a^{\frac{m}{n}} = \sqrt[n]{a^m}$ $\quad a \in \mathbb{R}_+^*;\ m \in \mathbb{Z};\ n \in \mathbb{N}^*$ $a^{-\frac{m}{n}} = \dfrac{1}{a^{\frac{m}{n}}}$
	Wurzelsätze	$a, b \in \mathbb{R}_+;\ n, x \in \mathbb{N}^*$ $\sqrt[n]{a \cdot b} = \sqrt[n]{a} \cdot \sqrt[n]{b}$ $\sqrt[n]{\dfrac{a}{b}} = \sqrt[n]{a} : \sqrt[n]{b} \qquad b \neq 0$ $a\sqrt[n]{b} = \sqrt[n]{a^n\, b}$ $\left(\sqrt[n]{a}\right)^x = \sqrt[n]{a^x} = a^{\frac{x}{n}}$ $\sqrt[n]{\sqrt[x]{a}} = \sqrt[nx]{a} = \sqrt[x]{\sqrt[n]{a}} = a^{\frac{1}{nx}}$
Logarithmieren	Der Logarithmus ist der Exponent (*x*), mit dem man die Basis (*a*) potenziert, um den Numerus (*b*) zu erhalten.	$x = \log_a b$ $\quad a \in \mathbb{R}_+^* \setminus \{1\}$ Logarithmus Basis Numerus $\quad b \in \mathbb{R}_+^*$
	Man addiert die Logarithmen der Faktoren	$\lg (a \cdot b) = \lg a + \lg b$ $\quad \log_{10} x \equiv \lg x$
	Man subtrahiert die Logarithmen.	$\lg \dfrac{a}{b} = \lg a - \lg b$
	Man multipliziert den Exponenten mit dem Logarithmus der Basis.	$\lg a^n = n \cdot \lg a$ $\quad n \in \mathbb{R}$
	Man dividiert den Logarithmus der Basis durch den Wurzelexponenten.	$\lg \sqrt[n]{b} = \dfrac{\lg b}{n}$
	Definitionen:	$e = \lim\limits_{n \to \infty} \left(1 + \dfrac{1}{n}\right)^n = 2{,}718281\ldots$ $M = \lg e = 0{,}434294\ldots$
	ln: natürlicher Logarithmus	$\dfrac{1}{M} = \ln 10 = 2{,}302585\ldots \quad \log_e x \equiv \ln x$
	Umrechnung von $\lg x \to \ln x$.	$\lg x = M \cdot \ln x$ $\lg x = \lg e \cdot \ln x$ $b^x = e^{x \cdot \ln b}$
	Umrechnung:	$\log_a b = \dfrac{\ln b}{\ln a}$
	$\ln a = 2 \left[\dfrac{a-1}{a+1} + \dfrac{1}{3}\left(\dfrac{a-1}{a+1}\right)^3 + \dfrac{1}{5}\left(\dfrac{a-1}{a+1}\right)^5 + \ldots \right]$	

1. Determinante zweiter Ordnung.

$$\begin{vmatrix} a_1 & b_1 \\ a_2 & b_2 \end{vmatrix} = a_1 b_2 - a_2 b_1$$

2. Determinante dritter Ordnung. Auflösung mit Hilfe von Unterdeterminanten.

$$\begin{vmatrix} a_1 & b_1 & c_1 \\ a_2 & b_2 & c_2 \\ a_3 & b_3 & c_3 \end{vmatrix} = a_1 \begin{vmatrix} b_2 & c_2 \\ b_3 & c_3 \end{vmatrix} - a_2 \begin{vmatrix} b_1 & c_1 \\ b_3 & c_3 \end{vmatrix} + a_3 \begin{vmatrix} b_1 & c_1 \\ b_2 & c_2 \end{vmatrix}$$

$$= a_1(b_2 c_3 - b_3 c_2) - a_2(b_1 c_3 - b_3 c_1) + a_3(b_1 c_2 - b_2 c_1)$$

$$= a_1 b_2 c_3 + a_2 b_3 c_1 + a_3 b_1 c_2 - a_1 b_3 c_2 - a_2 b_1 c_3 - a_3 b_2 c_1$$

Determinante dritter Ordnung. Andere Auflösung, gilt nur für die dritte Ordnung.

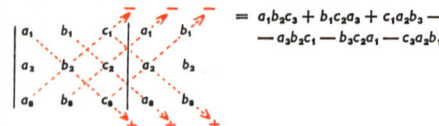

$$= a_1 b_2 c_3 + b_1 c_2 a_3 + c_1 a_2 b_3 - a_3 b_2 c_1 - b_3 c_2 a_1 - c_3 a_2 b_1$$

3. Determinante vierter Ordnung.

$$\begin{vmatrix} a_1 b_1 c_1 d_1 \\ a_2 b_2 c_2 d_2 \\ a_3 b_3 c_3 d_3 \\ a_4 b_4 c_4 d_4 \end{vmatrix} = a_1 \begin{vmatrix} b_2 c_2 d_2 \\ b_3 c_3 d_3 \\ b_4 c_4 d_4 \end{vmatrix} - a_2 \begin{vmatrix} b_1 c_1 d_1 \\ b_3 c_3 d_3 \\ b_4 c_4 d_4 \end{vmatrix} + a_3 \begin{vmatrix} b_1 c_1 d_1 \\ b_2 c_2 d_2 \\ b_4 c_4 d_4 \end{vmatrix} - a_4 \begin{vmatrix} b_1 c_1 d_1 \\ b_2 c_2 d_2 \\ b_3 c_3 d_3 \end{vmatrix}$$

4. In einer Determinante kann man die Zeilen (Horizontalreihen) mit den Spalten (Vertikalreihen) unter Beibehaltung der Reihenfolge vertauschen.

$$\begin{vmatrix} a_1 & b_1 \\ a_2 & b_2 \end{vmatrix} = \begin{vmatrix} a_1 & a_2 \\ b_1 & b_2 \end{vmatrix} \; ; \quad \begin{vmatrix} a_1 & b_1 & c_1 \\ a_2 & b_2 & c_2 \\ a_3 & b_3 & c_3 \end{vmatrix} = \begin{vmatrix} a_1 & a_2 & a_3 \\ b_1 & b_2 & b_3 \\ c_1 & c_2 & c_3 \end{vmatrix}$$

5. Vertauscht man in der Determinante zwei Zeilen oder zwei Spalten miteinander, so ändert die Determinante ihr Vorzeichen.

$$\begin{vmatrix} a_1 & b_1 & c_1 \\ a_2 & b_2 & c_2 \\ a_3 & b_3 & c_3 \end{vmatrix} = - \begin{vmatrix} a_1 & b_1 & c_1 \\ a_3 & b_3 & c_3 \\ a_2 & b_2 & c_2 \end{vmatrix} = + \begin{vmatrix} a_3 & b_3 & c_3 \\ a_1 & b_1 & c_1 \\ a_2 & b_2 & c_2 \end{vmatrix}$$

$$\begin{vmatrix} a_1 & b_1 & c_1 \\ a_2 & b_2 & c_2 \\ a_3 & b_3 & c_3 \end{vmatrix} = - \begin{vmatrix} a_1 & c_1 & b_1 \\ a_2 & c_2 & b_2 \\ a_3 & c_3 & b_3 \end{vmatrix} = + \begin{vmatrix} c_1 & a_1 & b_1 \\ c_2 & a_2 & b_2 \\ c_3 & a_3 & b_3 \end{vmatrix}$$

6. Die Determinante ist gleich Null, wenn entsprechende Elemente einer Zeile oder einer Spalte verhältnisgleich sind.

$$\begin{vmatrix} a_1 & a_1 & c_1 \\ a_2 & a_2 & c_2 \\ a_3 & a_3 & c_3 \end{vmatrix} = 0; \quad \begin{vmatrix} a_1 & b_1 & c_1 \\ a_1 & b_1 & c_1 \\ a_3 & b_3 & c_3 \end{vmatrix} = 0; \quad \begin{vmatrix} a_1 & a_2 & k a_2 \\ b_1 & b_2 & k b_2 \\ c_1 & c_2 & k c_2 \end{vmatrix} = 0$$

7. Haben alle Elemente einer Zeile oder einer Spalte den gleichen Faktor, so kann man ihn vor die Determinante setzen.

$$\begin{vmatrix} k a_1 & b_1 & c_1 \\ k a_2 & b_2 & c_2 \\ k a_3 & b_3 & c_3 \end{vmatrix} = \begin{vmatrix} k a_1 & k b_1 & k c_1 \\ a_2 & b_2 & c_2 \\ a_3 & b_3 & c_3 \end{vmatrix} = k \begin{vmatrix} a_1 & b_1 & c_1 \\ a_2 & b_2 & c_2 \\ a_3 & b_3 & c_3 \end{vmatrix}$$

8. Der Wert einer Determinante ändert sich nicht, wenn man zu den Elementen einer Zeile oder Spalte das gleiche Vielfache der entsprechenden Elemente einer anderen Zeile oder Spalte addiert oder subtrahiert.

$$\begin{vmatrix} a_1 & b_1 & c_1 \\ a_2 & b_2 & c_2 \\ a_3 & b_3 & c_3 \end{vmatrix} = \begin{vmatrix} a_1 & b_1 & c_1 + k a_1 \\ a_2 & b_2 & c_2 + k a_2 \\ a_3 & b_3 & c_3 + k a_3 \end{vmatrix}$$

[handwritten notes at top:] Def. bei Bruchgleichung nicht durch Null
$\frac{1}{3} + \frac{2}{3x+6} = \frac{1}{3t+9}$ $D(G) = 0 \setminus 0, -2, -3$
[handwritten:] Def. $4x \pm 5 \ge 0$ bei Wurzel (bei Negativzahl
$D(G) = \{x \in Q \mid x \ge 3\}$ gleich Null setzen)

Bei einer Gleichung gilt:	$G: \quad T_1 = T_2$
Bei einer Ungleichung gilt:	$U: \quad T_1 < T_2 \quad$ oder
	$\qquad\quad T_1 > T_2$

Gleichungen, Ungleichungen I. Grades

Die Definitionsmenge einer Gleichung (Ungleichung) ist die Schnittmenge der Definitionsmengen der Terme.	$D(G) = D(T_1) \cap D(T_2)$ $D(U) = D(T_1) \cap D(T_2)$
Die Definitionsmenge einer Gleichung (Ungleichung) besteht aus den Elementen der Grundmenge M, bei deren Einsetzung beide Seiten der Gleichung (Ungleichung) in ein definiertes Zahlzeichen $(T(x) \in M)$ übergehen.	$T_1(x) = T_2(x); \quad T_1(x) \le T_2(x)$ $D = \{x \in M \mid T_1(x) \in M \wedge T_2(x) \in M\}$
Unter der Lösungsmenge L einer Gleichung (Ungleichung) versteht man die Menge aller Elemente aus der Grundmenge M, die die Gleichung (Ungleichung) in eine wahre Aussage umwandeln.	$G: \quad ax = b$ $L = \left\{ \dfrac{b}{a} \right\}$
Die Lösungsmenge L einer Gleichung (Ungleichung) ist eine echte oder unechte Teilmenge der Definitionsmenge der Gleichung (Ungleichung).	$L(G) \subseteq D(G) \subseteq M$ $L(U) \subseteq D(U) \subseteq M$
Mit Hilfe der Determinanten kann man die Lösungsmenge eines Gleichungssystems unmittelbar bestimmen.	$a_1 x + b_1 y + c_1 z = d_1$ $\wedge\ a_2 x + b_2 y + c_2 z = d_2$ $\wedge\ a_3 x + b_3 y + c_3 z = d_3$
Ist die Determinante D des Systems von Null verschieden, so ist das Gleichungssystem eindeutig lösbar; speziell erhält man für $d_1 = d_2 = d_3 = 0$ als einzige Lösung $x = y = z = 0$. Ist die Determinante D gleich Null, so ist das Gleichungssystem unlösbar oder es besitzt unendlich viele Lösungen.	$D = \begin{vmatrix} a_1 & b_1 & c_1 \\ a_2 & b_2 & c_2 \\ a_3 & b_3 & c_3 \end{vmatrix} \ne 0$ $D_x = \begin{vmatrix} d_1 & b_1 & c_1 \\ d_2 & b_2 & c_2 \\ d_3 & b_3 & c_3 \end{vmatrix} \quad D_y = \begin{vmatrix} a_1 & d_1 & c_1 \\ a_2 & d_2 & c_2 \\ a_3 & d_3 & c_3 \end{vmatrix}$ $D_z = \begin{vmatrix} a_1 & b_1 & d_1 \\ a_2 & b_2 & d_2 \\ a_3 & b_3 & d_3 \end{vmatrix}$
Für $D \ne 0$ (eindeutige Lösbarkeit) erhält man die Lösung mit Hilfe der Cramerschen Regel:	$x = \dfrac{D_x}{D}; \quad y = \dfrac{D_y}{D}; \quad z = \dfrac{D_z}{D}$ $L = \left\{ \left(\dfrac{D_x}{D}; \ \dfrac{D_y}{D}; \ \dfrac{D_z}{D} \right) \right\}$

Gleichungen II. Grades	Quadratische Gleichung:		$ax^2 + bx + c = 0; \quad a, b, c \in \mathbb{R} \quad a \neq 0$
	Normalform:		$x^2 + px + q = 0; \quad p, q \in \mathbb{R}$
	Lösungsmenge:	$D > 0$	$L = \left\{ -\dfrac{p}{2} + \sqrt{\left(\dfrac{p}{2}\right)^2 - q}, \ -\dfrac{p}{2} - \sqrt{\left(\dfrac{p}{2}\right)^2 - q} \right\}$
	$L = \{x_1, x_2\}$	$D = 0$	$L = \left\{ -\dfrac{p}{2} \right\}$
		$D < 0$	$L = \emptyset$
	Diskriminante:		$D = \left(\dfrac{p}{2}\right)^2 - q$
	Satz von Viëta:		$p = -(x_1 + x_2)$ $q = x_1 \cdot x_2$
	Zerlegung in Linearfaktoren:		$x^2 + px + q = (x - x_1) \cdot (x - x_2)$

Gleichungen n-ten Grades	y ist eine beliebige Gleichung n-ten Grades Näherungslösungen:	$y = f(x) = 0$
	1. *Regula falsi.* Aus zwei bekannten Näherungslösungen x_1 und x_2 berechnet man die genauere Lösung x_3 usw.	$x_3 = x_1 - \dfrac{x_2 - x_1}{y_2 - y_1} \cdot y_1$
	2. *Newtonsches Verfahren.* Aus einer bekannten Näherungslösung x_1 berechnet man die genauere Lösung x_2 usw.	$x_2 = x_1 - \dfrac{f(x_1)}{f'(x_1)}$ $= x_1 - \dfrac{y_1}{y_1'}$

66.	**Mittelwerte**	
	Arithmetisches Mittel	$m_a = \dfrac{a + b}{2}; \qquad a, b \in \mathbb{R}$ $\qquad\qquad\qquad n \in \mathbb{N}^*$ $m_a = \dfrac{a_1 + a_2 + a_3 + \ldots + a_n}{n}$
	Geometrisches Mittel	$m_g = \sqrt{a\,b}; \ a, b \in \mathbb{R}^*$ $m_g = \sqrt[n]{a_1 \cdot a_2 \cdot a_3 \cdot \ldots \cdot a_n}; \ n \in \mathbb{N}^*$
	Harmonisches Mittel	$m_h = \dfrac{2\,a\,b}{a + b}; \ a, b \in \mathbb{R}^*$ $m_h = \dfrac{n}{\dfrac{1}{a_1} + \dfrac{1}{a_2} + \ldots + \dfrac{1}{a_n}}; \ n \in \mathbb{N}^*$
	Quadratisches Mittel	$m_q = \sqrt{\dfrac{a_1^2 + a_2^2 + \ldots + a_n^2}{n}}; \ \begin{matrix} a \in \mathbb{R} \\ n \in \mathbb{N}^* \end{matrix}$

allgemein	Eine rechtseindeutige Relation zwischen Zahlenmengen nennt man Funktion (f). D: Definitionsbereich W: Wertebereich	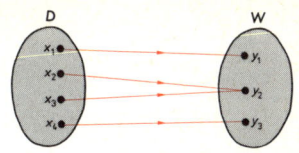
	Es ist üblich, ohne Verwechslungen befürchten zu müssen, an Stelle von „Die Funktion, die durch die Paarmenge $\{x, y \mid y = f(x)\}$ festgelegt ist" kurz zu sagen „Die Funktion mit der Gleichung $y = f(x)$".	$x \mapsto y; \quad x \mapsto f(x)$ $f = \{x, y \mid y = f(x)\}$ $x \mapsto f(x)$ $y = f(x)$

Lineare Funktion	Ursprungsgerade:	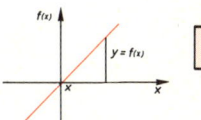 $x \mapsto mx$ $m, x \in \mathbb{R}$
	Steigungsfaktor:	$m = \dfrac{y}{x}$
	Gerade:	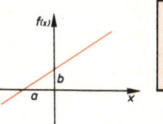 $x \mapsto mx + b$ $x \mapsto \dfrac{b}{a} x + b$ $a, b, m \in \mathbb{R}; \ a \neq 0$
	Allgemeine Form der Geradengleichung:	$Ax + By + C = 0$ $y = -\dfrac{A}{B} x - \dfrac{C}{B}$ $A, B, C \in \mathbb{R}; B \neq 0$

Quadratische Funktion	Normalparabel:	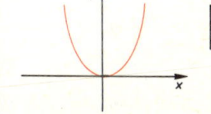 $x \mapsto x^2$ $x \in \mathbb{R}$
		$x \mapsto mx; \quad x \in \mathbb{R}; \quad m \in \mathbb{R}^*$ $m > 1$ gestreckte Normalparabel $m < 1$ gestauchte Normalparabel $m < 0$ Parabel öffnet sich nach unten

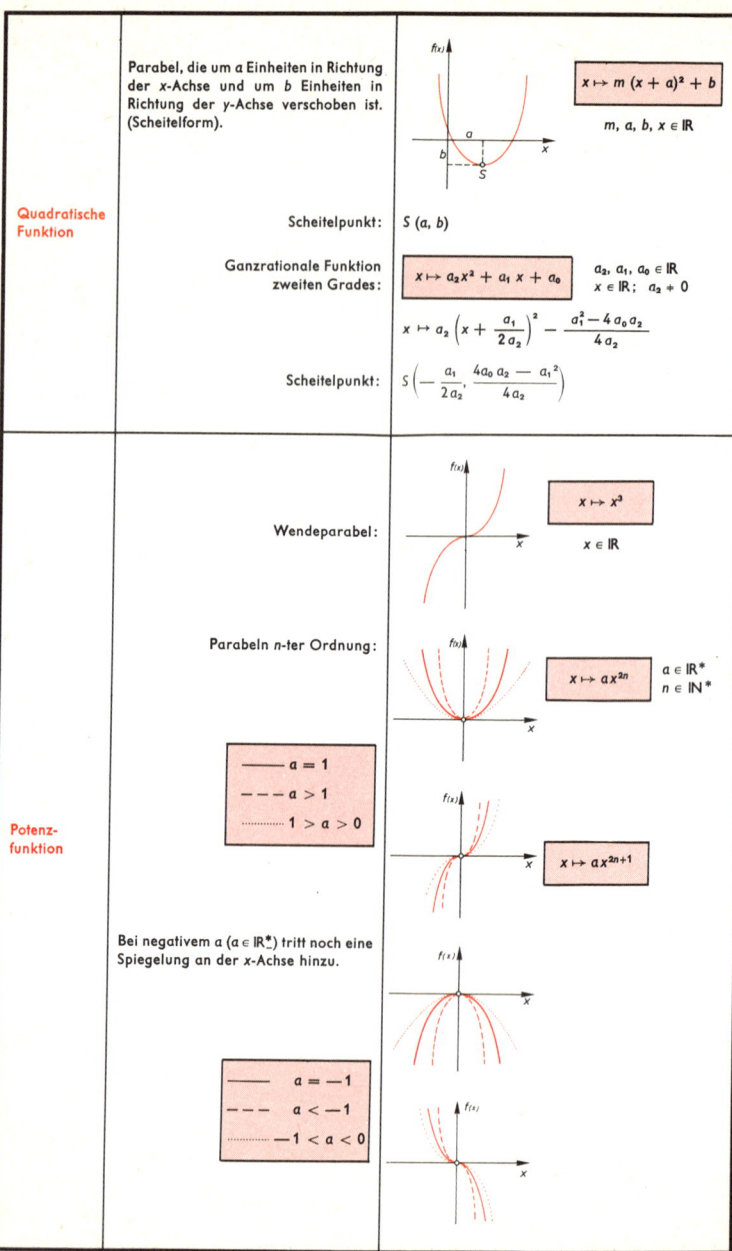

Quadratische Funktion

Parabel, die um a Einheiten in Richtung der x-Achse und um b Einheiten in Richtung der y-Achse verschoben ist. (Scheitelform).

$$x \mapsto m\,(x + a)^2 + b$$

$m, a, b, x \in \mathbb{R}$

Scheitelpunkt: $S\,(a, b)$

Ganzrationale Funktion zweiten Grades:

$$x \mapsto a_2 x^2 + a_1 x + a_0$$

$a_2, a_1, a_0 \in \mathbb{R}$
$x \in \mathbb{R}; \quad a_2 \neq 0$

$$x \mapsto a_2 \left(x + \frac{a_1}{2\,a_2} \right)^2 - \frac{a_1^2 - 4\,a_0\,a_2}{4\,a_2}$$

Scheitelpunkt: $S\left(-\dfrac{a_1}{2\,a_2},\ \dfrac{4\,a_0\,a_2 - a_1^2}{4\,a_2} \right)$

Potenzfunktion

Wendeparabel:

$$x \mapsto x^3$$

$x \in \mathbb{R}$

Parabeln n-ter Ordnung:

$$x \mapsto a\,x^{2n}$$

$a \in \mathbb{R}^*$
$n \in \mathbb{N}^*$

——	$a = 1$
– – –	$a > 1$
······	$1 > a > 0$

$$x \mapsto a\,x^{2n+1}$$

Bei negativem a ($a \in \mathbb{R}^*_-$) tritt noch eine Spiegelung an der x-Achse hinzu.

——	$a = -1$
– – –	$a < -1$
······	$-1 < a < 0$

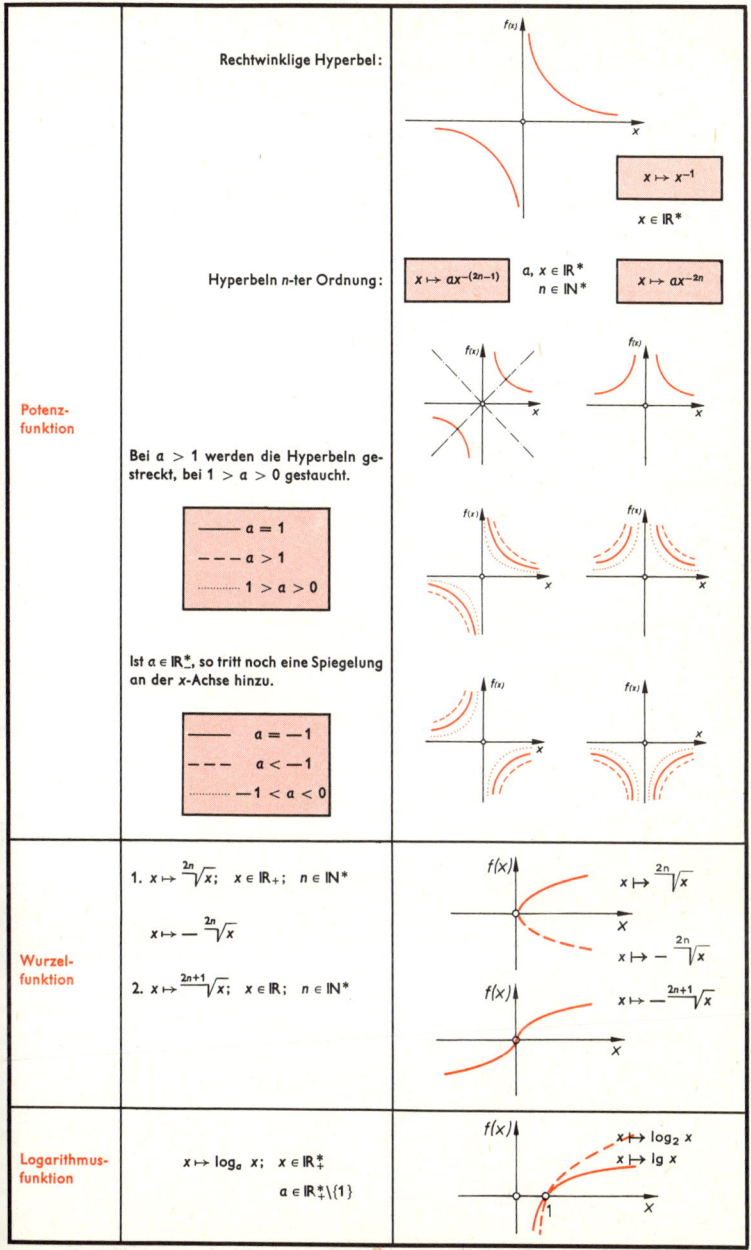

Rechtwinklige Hyperbel:

$$x \mapsto x^{-1}$$

$x \in \mathbb{R}^*$

Hyperbeln n-ter Ordnung:

$$x \mapsto ax^{-(2n-1)}$$

$a, x \in \mathbb{R}^*$
$n \in \mathbb{N}^*$

$$x \mapsto ax^{-2n}$$

Potenz-funktion

Bei $a > 1$ werden die Hyperbeln ge-streckt, bei $1 > a > 0$ gestaucht.

——— $a = 1$
– – – $a > 1$
.... $1 > a > 0$

Ist $a \in \mathbb{R}^*_-$, so tritt noch eine Spiegelung an der x-Achse hinzu.

——— $a = -1$
– – – $a < -1$
.... $-1 < a < 0$

Wurzel-funktion

1. $x \mapsto \sqrt[2n]{x}$; $x \in \mathbb{R}_+$; $n \in \mathbb{N}^*$

   $x \mapsto -\sqrt[2n]{x}$

2. $x \mapsto \sqrt[2n+1]{x}$; $x \in \mathbb{R}$; $n \in \mathbb{N}^*$

   $x \mapsto \sqrt[2n]{x}$

   $x \mapsto -\sqrt[2n]{x}$

   $x \mapsto -\sqrt[2n+1]{x}$

Logarithmus-funktion

$x \mapsto \log_a x$; $x \in \mathbb{R}^*_+$

$a \in \mathbb{R}^*_+ \backslash \{1\}$

$x \mapsto \log_2 x$
$x \mapsto \lg x$

Binomischer Lehrsatz

Der Binomische Lehrsatz gilt für positive ganze n.

$\binom{n}{k}$ = Binomialkoeffizient (n über k)

$k!$ (k Fakultät)

Bei der Form $(a - b)^n$ sind die Vorzeichen der ungeraden Potenzen von b negativ.

$$(a + b)^n = \sum_{k=0}^{n} \binom{n}{k} a^{n-k} b^k$$

$$= \binom{n}{0} a^n + \binom{n}{1} a^{n-1} b + \binom{n}{2} a^{n-2} b^2 + \ldots + \binom{n}{k} a^{n-k} b^k + \cdots + \binom{n}{n} b^n$$

$$\binom{n}{0} = \binom{n}{n} = 1; \quad \binom{n}{1} = n$$

$$\binom{n}{k} = \frac{n(n-1)(n-2)(n-3)\ldots(n-k+1)}{k!}$$

$$k! = 1 \cdot 2 \cdot 3 \ldots k$$

$$\binom{n}{k} = \binom{n}{n-k}; \quad \binom{n+1}{k} = \binom{n}{k} + \binom{n}{k-1}$$

Stirlingsche Näherungsformel

$$k! \approx \sqrt{2\pi k} \left(\frac{k}{e}\right)^k$$

Kombinatorik

Permutation

P_n = Anzahl der Permutationen von n verschiedenen Elementen.

$$P_n = n!$$

P_n^a = Anzahl der Permutationen von n Elementen, bei denen a Elemente gleich sind.

$$P_n^a = \frac{n!}{a!}$$

$P_n^{a,b}$ = Anzahl der Permutationen von n Elementen, bei denen a und b Elemente gleich sind.

$$P_n^{a,b} = \frac{n!}{a!\, b!}$$

Variation = Permutation, bei der nicht alle n Elemente permutiert werden.

Variation

V_n^k (o.w.) = Anzahl der Variationen von n Elementen zur k-ten Klasse ohne Wiederholung.

$$V_n^k \text{ (o.w.)} = \binom{n}{k} k! = \frac{n!}{(n-k)!}$$

V_n^k (m.w.) = Anzahl der Variationen von n Elementen zur k-ten Klasse mit Wiederholung.

$$V_n^k \text{ (m.w.)} = n^k$$

Kombination

K_n^k (o.w.) = Anzahl der Kombinationen von n Elementen zur k-ten Klasse ohne Wiederholung.

$$K_n^k \text{ (o.w.)} = \frac{V_n^k \text{ (o.w.)}}{k!} = \binom{n}{k}$$

K_n^k (m.w.) = Anzahl der Kombinationen von n Elementen zur k-ten Klasse mit Wiederholung.

$$K_n^k \text{ (m.w.)} = \binom{n+k-1}{k}$$

W = Wahrscheinlichkeit für das Eintreten eines Ereignisses

g = Anzahl der günstigen Fälle

m = Anzahl der möglichen Fälle

$$W = \frac{g}{m}$$

Vollständige Wahrscheinlichkeit (entweder — oder)

$$W = W_1 + W_2 + W_3 + \ldots = \frac{g_1 + g_2 + g_3 + \ldots}{m}$$

Zusammengesetzte Wahrscheinlichkeit (sowohl — als auch)

$$W = W_1 \cdot W_2 \cdot W_3 \cdot \ldots = \frac{g_1 \cdot g_2 \cdot g_3 \ldots}{m_1 \cdot m_2 \cdot m_3 \ldots}$$

i = imaginäre Zahleneinheit

$i^2 = -1$; $i^3 = -i$

Potenzen von i

$i^{4n} = +1$; $\quad i^{4n+2} = -1$

$i^{4n+1} = +i$; $\quad i^{4n+3} = -i$

Eine komplexe Zahl besteht aus einem reellen und einem imaginären Teil. Konjugiert-komplexe Zahlen unterscheiden sich durch das Vorzeichen des imaginären Teiles.

$a + bi \rightarrow$ komplexe Zahl

$\left.\begin{array}{l} a + bi \text{ und } a - bi \\ 3 + 4i \text{ und } 3 - 4i \end{array}\right\}$ konjugiert-komplexe Zahlen

Alle Punkte der Ebene sind komplexe Zahlen; bei den reellen Zahlen ist der imaginäre Teil = 0, bei den imaginären Zahlen ist der reelle Teil = 0.

Gaußsche Zahlenebene

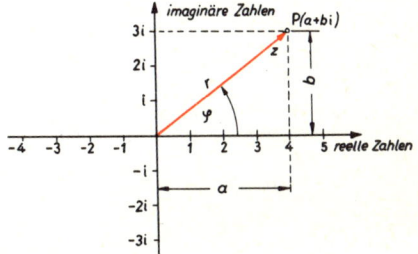

Trigonometrische oder Normalform

$a = r \cdot \cos \varphi$; $b = r \cdot \sin \varphi$;
$z = a + bi = r \cdot (\cos \varphi + i \sin \varphi)$
$r = \sqrt{a^2 + b^2} =$ Modul oder absoluter Betrag

$\tan \varphi = \dfrac{b}{a}$; $\varphi =$ Argument

Eulersche Relation

$z = a + bi = r (\cos \varphi + i \sin \varphi) = r \cdot e^{i\varphi}$

Unter Beachtung von $i^2 = -1$ gelten für komplexe Zahlen die gleichen Rechenregeln wie für reelle Zahlen.

Summe und Differenz komplexer Zahlen

$z_1 \pm z_2 = a_1 \pm a_2 + (b_1 \pm b_2)\, i$

Produkt komplexer Zahlen

$z_1 \cdot z_2 = r_1\, r_2\, [\cos (\varphi_1 + \varphi_2) + i \sin (\varphi_1 + \varphi_2)]$
$\qquad = r_1 \cdot r_2 \cdot e^{i\,(\varphi_1 + \varphi_2)}$

Quotient komplexer Zahlen.	$\dfrac{z_1}{z_2} = \dfrac{r_1}{r_2}\left[\cos(\varphi_1 - \varphi_2) + i\sin(\varphi_1 - \varphi_2)\right]$
	$= \dfrac{r_1}{r_2}\,e^{i_1\,(\varphi_1 - \varphi_2)}\qquad (z_2 \neq 0)$
Potenz einer komplexen Zahl.	$z^n = [r(\cos\varphi + i\sin\varphi)]^n = r^n\left[\cos n\varphi + i\sin n\varphi\right]$
Satz von Moivre.	$\sqrt[n]{z} = \sqrt[n]{r(\cos\varphi + i\sin\varphi)}$
	$= \left|\sqrt[n]{r}\right|\cdot\left(\cos\dfrac{\varphi + k\cdot 2\pi}{n} + i\cdot\sin\dfrac{\varphi + k\cdot 2\pi}{n}\right.$
	$(k = 0;\,1;\,2;\,\ldots n-1)$
Logarithmus einer komplexen Zahl.	$\ln z = \ln\left[r(\cos\varphi + i\sin\varphi)\right] = \ln r + i(\varphi \pm 2n\pi)$

72.   Vektorrechnung

1. Zu einem Vektor gehören zwei Bestimmungsstücke: Größe und Richtung.

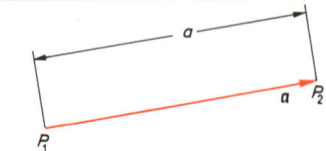

2. Vektoren werden mit Frakturbuchstaben, ihr Betrag (Länge, Größe) jedoch mit lateinischen Buchstaben bezeichnet.

$\overrightarrow{P_1 P_2} = \mathfrak{a} = -\overleftarrow{P_1 P_2} = -\overrightarrow{P_2 P_1}$

$|\mathfrak{a}| = a = \overline{P_1 P_2}$

3. Ein Vektor mit dem Betrag 1 heißt Einheitsvektor.

$\mathfrak{a}^\circ \longrightarrow$ Einheitsvektor

$\mathfrak{a} = |\mathfrak{a}|\cdot\mathfrak{a}^\circ = a\cdot\mathfrak{a}^\circ$

4. Beim Nullvektor ist die Richtung unbestimmt.

$\mathfrak{o} = \mathfrak{a} - \mathfrak{a}$

$|\mathfrak{o}| = 0$

5. Ein Ortsvektor ist an einen festen Punkt (O) gebunden.

$\mathfrak{r} = \overrightarrow{OP}$

6. Zwei Vektoren sind gleich, wenn sie parallel, gleichgerichtet und dem Betrag nach gleich sind.

$\left.\begin{array}{l}\overrightarrow{P_1 P_2} \parallel \overrightarrow{P_3 P_4}\\ a = b\end{array}\right\}\ \ \mathfrak{a} = \mathfrak{b}$

7. Summe der Vektoren $\mathfrak{a}$ und $\mathfrak{b}$.

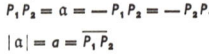

$\mathfrak{a} + \mathfrak{b} = \mathfrak{r}$

$\overrightarrow{P_1 P_2} + \overrightarrow{P_2 P_3} = \overrightarrow{P_1 P_3}$

Differenz der Vektoren $\mathfrak{a}$ und $\mathfrak{b}$.

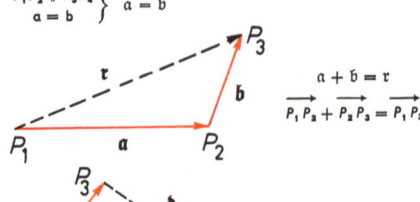
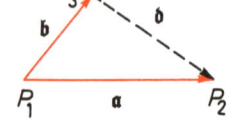

$\mathfrak{a} - \mathfrak{b} = \mathfrak{b}$

$\overrightarrow{P_1 P_2} - \overrightarrow{P_1 P_3} = \overrightarrow{P_3 P_2}$

8. Eine Vektorenkette ist geschlossen, wenn die Summe aller Vektoren gleich Null ist.

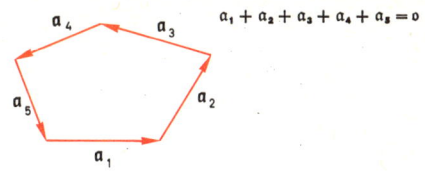

$$\mathfrak{a}_1 + \mathfrak{a}_2 + \mathfrak{a}_3 + \mathfrak{a}_4 + \mathfrak{a}_5 = \mathfrak{o}$$

9. Übereinstimmend mit den Regeln der Algebra gelten folgende Gesetze:

Vertauschungsgesetz

$$\mathfrak{a} + \mathfrak{b} = \mathfrak{b} + \mathfrak{a}$$

Verbindungsgesetz

$$\mathfrak{a} + (\mathfrak{b} + \mathfrak{b}) = (\mathfrak{a} + \mathfrak{b}) + \mathfrak{b}$$

Verteilungsgesetz

$$m\,(\mathfrak{a} + \mathfrak{b}) = m\,\mathfrak{a} + m\,\mathfrak{b}$$
$$\mathfrak{a} - \mathfrak{a} = \mathfrak{o}$$

10. Die Einheitsvektoren im rechtwinkligen xyz-(Rechts)-System sind $\mathfrak{i}$, $\mathfrak{j}$, $\mathfrak{k}$.

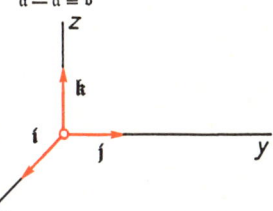

11. Koordinatendarstellung eines Vektors

$$\mathfrak{r} = x\,\mathfrak{i} + y\,\mathfrak{j} + z\,\mathfrak{k}$$

12. Skalares (inneres) Produkt

$$\mathfrak{a} \cdot \mathfrak{b} = a \cdot b \cdot \cos \sphericalangle\,(\mathfrak{a},\, \mathfrak{b}) = \mathfrak{b} \cdot \mathfrak{a}$$

Sonderfälle

$$\mathfrak{a} \cdot \mathfrak{b} = \pm\, ab, \text{ wenn } \mathfrak{a} \parallel \mathfrak{b}$$
$$\mathfrak{a} \cdot \mathfrak{b} = 0, \text{ wenn } \mathfrak{a} \perp \mathfrak{b}$$

Koordinatendarstellung

$$\mathfrak{a} \cdot \mathfrak{b} = a_x \cdot b_x + a_y \cdot b_y + a_z \cdot b_z$$

13. Vektorielles (äußeres) Produkt

$$\mathfrak{d} = \mathfrak{a} \times \mathfrak{b} = -\,(\mathfrak{b} \times \mathfrak{a})$$
$$|\mathfrak{d}| = |\mathfrak{a}| \cdot |\mathfrak{b}| \cdot \sin \sphericalangle\,(\mathfrak{a},\, \mathfrak{b})$$
$$d = a \cdot b \cdot \sin \sphericalangle\,(\mathfrak{a},\, \mathfrak{b})$$

Sonderfälle

$$\mathfrak{a} \times \mathfrak{b} = \mathfrak{o}, \text{ wenn } \mathfrak{a} \parallel \mathfrak{b}$$
$$|\mathfrak{a} \times \mathfrak{b}| = a \cdot b, \text{ wenn } \mathfrak{a} \perp \mathfrak{b}$$

Koordinatendarstellung

$$\mathfrak{a} \times \mathfrak{b} \begin{vmatrix} \mathfrak{i} & \mathfrak{j} & \mathfrak{k} \\ a_x & a_y & a_z \\ b_x & b_y & b_z \end{vmatrix} = \begin{cases} (a_y b_z - a_z b_y)\,\mathfrak{i}\, + \\ +\,(a_z b_x - a_x b_z)\,\mathfrak{j}\, + \\ +\,(a_x b_y - a_y b_x)\,\mathfrak{k} \end{cases}$$

14. Spatprodukt (skalares Mischprodukt)

$$(\mathfrak{a} \times \mathfrak{b}) \cdot \mathfrak{b} = (\mathfrak{b} \times \mathfrak{b}) \cdot \mathfrak{a} = (\mathfrak{b} \times \mathfrak{a}) \cdot \mathfrak{b}$$

15. Vektorielles Mischprodukt

$$(\mathfrak{a} \times \mathfrak{b}) \times \mathfrak{b} = (\mathfrak{a} \cdot \mathfrak{b}) \cdot \mathfrak{b} - (\mathfrak{b} \cdot \mathfrak{b}) \cdot \mathfrak{a}$$

Arithmetische Reihe

Bei einer arithmetischen Reihe unterscheiden sich zwei Glieder durch $d = $ const.

$s_n = $ Summe der Reihe

$a = $ Anfangsglied

$a_n = n$-tes Glied

$d = $ Differenz $(a_{n+1} - a_n)$

$n = $ Anzahl der Glieder; $n \in \mathbb{N}^*$

Das Bildungsgesetz der Glieder $(a_1 \ldots a_n)$ bestimmt die Ordnung der arithmetischen Reihe. Für $n = 1$; 2; 3; ... entstehen Glieder einer Zahlenfolge m-ter Ordnung (die m-ten Differenzen sind konstant).

$s_n = a + (a + d) + (a + 2d) + \ldots + a_n$

$a_n = a + (n - 1) \cdot d$

$s_n = \dfrac{n}{2}(a + a_n) = \dfrac{n}{2}[2a + (n - 1) \cdot d]$

$a_n = c_0 + c_1 n + c_2 n^2 + \ldots + c_m n^m$

```
1   2   5   11   21   36   Hauptreihe
  1   3   6   10   15  ...1. Differenzenreihe
    2   3   4    5  ......2. Differenzenreihe
      1   1   1 ........3. Differenzenreihe
```

Die Hauptreihe hat die 3. Ordnung

Geometrische Reihe

Bei einer geometrischen Reihe unterscheiden sich zwei Glieder durch $q = $ const.

$s_n = $ Summe der Reihe

$a = $ Anfangsglied

$a_n = n$-tes Glied

$q = $ Quotient $\left(\dfrac{a_{n+1}}{a_n}\right)$

$n = $ Anzahl der Glieder

Die Summenformel bei einer unendlichen geometrischen Reihe gilt nur bei $|q| < 1$.

$s_n = a + aq + aq^2 + \ldots + a_n$

$a_n = a\, q^{n-1}$

$s_n = a \dfrac{q^n - 1}{q - 1} = a \dfrac{1 - q^n}{1 - q} \qquad q \neq 1$

$s = \lim\limits_{n \to \infty} s_n = \dfrac{a}{1 - q} \qquad |q| < 1$

Besondere Reihen

Quadratzahlen
(arithmetische Reihe 2. Ordnung)

Kubikzahlen
(arithmetische Reihe 3. Ordnung)

$1^2 + 2^2 + 3^2 + \ldots + n^2 = \dfrac{n}{3}(n + 1)\left(n + \dfrac{1}{2}\right)$

$1^3 + 2^3 + 3^3 + \ldots + n^3 = \dfrac{n^2}{4}(n + 1)^2$

$\dfrac{a^n - b^n}{a - b} =$

$a^{n-1} + a^{n-2}\, b + a^{n-3}\, b^2 + \ldots + b^{n-1}$

Zinseszins- und Rentenrechnung

$K_n = $ Kapital nach n Jahren

$K_0 = $ Anfangskapital

$q = $ Zinsfaktor

$p = $ Prozentsatz

$r = $ Rente, regelmäßig wiederkehrende Zahlung

Nachschüssig: Zahlung erfolgt am Ende des Zeitabschnittes (Jahres).

Vorschüssig: Zahlung erfolgt am Anfang des Zeitabschnittes (Jahres).

$\boxed{K_n = K_0 \cdot q^n} \qquad q = 1 + \dfrac{p}{100}$

$\boxed{K_n = r \cdot \dfrac{q^n - 1}{q - 1}} \quad$ nachschüssig

$\boxed{K_n = r\,q \cdot \dfrac{q^n - 1}{q - 1}} \quad$ vorschüssig

$\boxed{K_n = K_0 \cdot q^n \pm r \cdot \dfrac{q^n - 1}{q - 1}} \quad$ nachschüssig

$\boxed{K_n = K_0 \cdot q^n \pm r\,q \cdot \dfrac{q^n - 1}{q - 1}} \quad$ vorschüssig

Unendliche Reihen

Konvergenz — Divergenz | 75.1.

In einer konvergenten Reihe ist die Summe (s_n) endlich, in einer divergenten Reihe unendlich.	$a_1 + a_2 + a_3 + \ldots = \sum\limits_{n=1}^{\infty} a_n = s_n$
Eine alternierende Reihe ist eine Reihe mit abwechselnd positiven und negativen Summanden	$a_1 + a_2 - a_3 + a_4 - \ldots$
Notwendige Konvergenzbedingung	$\lim\limits_{n \to \infty} a_n = 0$
Hinreichende Konvergenzbedingung: 1. für Reihen mit positiven Summanden Kriterium von Cauchy	$\lim\limits_{n \to \infty} \left\| \dfrac{a_{n+1}}{a_n} \right\| < 1$
2. für alternierende Reihen Kriterium von Leibniz	$\lim\limits_{n \to \infty} a_n = 0$ und $\| a_{n+1} \| < \| a_n \|$
Die Harmonische Reihe ist divergent.	$1 + \dfrac{1}{2} + \dfrac{1}{3} + \ldots = \sum\limits_{n=1}^{\infty} \dfrac{1}{n}$; $\lim\limits_{n \to \infty} s_n = \infty$
Als alternierende Reihe ist sie konvergent.	$1 - \dfrac{1}{2} + \dfrac{1}{3} - \dfrac{1}{4} + \dfrac{1}{5} - \ldots = \sum\limits_{n=1}^{\infty} (-1)^{n+1} \dfrac{1}{n} = \ln 2$

Potenzreihen | 75.2.

Taylorsche Reihe Die Funktion muß in dem Intervall $x - h$ bis $x + h$ differenzierbar sein.	$f(x + h) = f(x) + \dfrac{h}{1!} \cdot f'(x) + \dfrac{h^2}{2!} \cdot f''(x) + \ldots + \dfrac{h^n}{n!} \cdot f^{(n)}(x) + R_n$
R_n = Restglied nach Lagrange	$R_n = \dfrac{h^{n+1}}{(n+1)!} \cdot f^{(n+1)} (x + \vartheta h) \quad 0 < \vartheta < 1$
Maclaurinische Reihe Sonderfall der Taylorschen Reihe (für x wird 0, für h wird x gesetzt)	$f(x) = f(0) + \dfrac{x}{1!} \cdot f'(0) + \dfrac{x^2}{2!} \cdot f''(0) + \ldots + \dfrac{x^n}{n!} \cdot f^{(n)}(0) + R_n$
R_n = Restglied nach Lagrange	$R_n = \dfrac{x^{n+1}}{(n+1)!} \cdot f^{(n+1)} (\vartheta x) \quad 0 < \vartheta < 1$

Name	Formel	Gültigkeit
Exponentialreihen	$e = \lim\limits_{n \to \infty} \left(1 + \dfrac{1}{1!} + \dfrac{1}{2!} + \dfrac{1}{3!} + \ldots + \dfrac{1}{n!} \right)$ $= 2{,}718\ 281\ 828\ 459\ 045\ 235\ 36\ldots$	
	1. $e^x = 1 + \dfrac{x}{1!} + \dfrac{x^2}{2!} + \dfrac{x^3}{3!} + \ldots$; $e = 1 + \dfrac{1}{1!} + \dfrac{1}{2!} + \ldots$	$x \in \mathbb{R}$
	2. $e^{-x} = 1 - \dfrac{x}{1!} + \dfrac{x^2}{2!} - \dfrac{x^3}{3!} + \ldots$	$x \in \mathbb{R}$
	3. $\dfrac{1}{2} (e^x + e^{-x}) = 1 + \dfrac{x^2}{2!} + \dfrac{x^4}{4!} + \ldots = \cosh x$	$x \in \mathbb{R}$
	4. $\dfrac{1}{2} (e^x - e^{-x}) = x + \dfrac{x^3}{3!} + \dfrac{x^5}{5!} + \ldots = \sinh x$	$x \in \mathbb{R}$

Name	Formel	Gültigkeit
Exponential-reihen	**5.** $e^{ix} = 1 + \dfrac{ix}{1!} - \dfrac{x^2}{2!} - \dfrac{ix^3}{3!} + \dfrac{x^4}{4!} + \dfrac{ix^5}{5!} -- \ldots$ $= 1 - \dfrac{x^2}{2!} + \dfrac{x^4}{4!} - \dfrac{x^6}{6!} + - \ldots + i\left(\dfrac{x}{1!} - \dfrac{x^3}{3!} + \dfrac{x^5}{5!} - \ldots\right)$ $= \cos x + i \cdot \sin x$	$x \in \mathbb{R}$
	6. $e^{-ix} = 1 - \dfrac{ix}{1!} - \dfrac{x^2}{2!} + \dfrac{ix^3}{3!} + \dfrac{x^4}{4!} -- ++ \ldots$ $= \cos x - i \cdot \sin x$	$x \in \mathbb{R}$
	7. $a^x = 1 + \dfrac{\ln a}{1!} \cdot x + \dfrac{(\ln a)^2}{2!} \cdot x^2 + \dfrac{(\ln a)^3}{3!} \cdot x^3 + \ldots$	$a > 0$
Logarithmische Reihen	**8.** $\ln (1+x) = x - \dfrac{x^2}{2} + \dfrac{x^3}{3} - \dfrac{x^4}{4} + - \ldots$	$-1 < x \leq +1$
	9. $\ln (1-x) = -x - \dfrac{x^2}{2} - \dfrac{x^3}{3} - \dfrac{x^4}{4} - \ldots$	$-1 \leq x < +1$
	10. $\ln \dfrac{1+x}{1-x} = 2 \cdot \left[x + \dfrac{x^3}{3} + \dfrac{x^5}{5} + \dfrac{x^7}{7} + \ldots\right]$	$|x| < 1$
	11. $\ln \dfrac{x+1}{x-1} = 2 \cdot \left[\dfrac{1}{x} + \dfrac{1}{3x^3} + \dfrac{1}{5x^5} + \dfrac{1}{7x^7} + \ldots\right]$	$|x| > 1$
	12. $\ln x = 2 \cdot \left[\dfrac{x-1}{x+1} + \dfrac{1}{3} \cdot \left(\dfrac{x-1}{x+1}\right)^3 + \dfrac{1}{5} \cdot \left(\dfrac{x-1}{x+1}\right)^5 + \ldots\right]$	$x > 0$
	13. $\ln (a+x) = \ln a + 2 \cdot \left[\dfrac{x}{2a+x} + \dfrac{1}{3} \cdot \left(\dfrac{x}{2a+x}\right)^3 + \dfrac{1}{5} \left(\dfrac{x}{2a+x}\right)^5 \ldots\right]$	$a > 0$ $x > -a$
Binomische Reihen	**14.** $(1+x)^m = 1 + \binom{m}{1} x + \binom{m}{2} x^2 + \binom{m}{3} x^3 + \ldots$	$|x| < 1$
	15. $(1-x)^m = 1 - \binom{m}{1} x + \binom{m}{2} x^2 - \binom{m}{3} x^3 + \ldots$	$|x| < 1$
	16. $\dfrac{1}{1 \pm x} = 1 \mp x + x^2 \mp x^3 + x^4 \mp \ldots$	$|x| < 1$
	17. $\dfrac{1}{x \pm 1} = 1 \mp \dfrac{1}{x} + \dfrac{1}{x^2} \mp \dfrac{1}{x^3} + \dfrac{1}{x^4} + - \ldots$	$|x| > 1$
Reihen für Kreis-, Arcus- und Hyperbel-funktionen	**18.** $\sin x = \dfrac{x}{1!} - \dfrac{x^3}{3!} + \dfrac{x^5}{5!} - \dfrac{x^7}{7!} + - \ldots$ $\sin x = x\left(1 - \dfrac{x^2}{2 \cdot 3}\right) \cdot \left(1 - \dfrac{x^2}{4 \cdot 5}\right) \cdot \left(1 - \dfrac{x^2}{6 \cdot 7}\right) \ldots$	$x \in \mathbb{R}$
	19. $\cos x = 1 - \dfrac{x^2}{2!} + \dfrac{x^4}{4!} - \dfrac{x^6}{6!} + - \ldots$ $\cos x = 1 - \dfrac{x^2}{1 \cdot 2} \cdot \left(1 - \dfrac{x^2}{3 \cdot 4}\right) \cdot \left(1 - \dfrac{x^2}{5 \cdot 6}\right) \ldots$	$x \in \mathbb{R}$
	20. $\tan x = x + \dfrac{1}{3} x^3 + \dfrac{2}{15} x^5 + \dfrac{17}{315} x^7 + \dfrac{62}{2835} x^9 + \ldots$	$|x| < \dfrac{\pi}{2}$
	21. $\cot x = \dfrac{1}{x} - \dfrac{1}{3} x - \dfrac{1}{45} x^3 - \dfrac{2}{945} x^5 - \dfrac{1}{4725} x^7 - \ldots$	$|x| < \pi$
	22. $\arcsin x = x + \dfrac{1}{2} \cdot \dfrac{x^3}{3} + \dfrac{1 \cdot 3}{2 \cdot 4} \cdot \dfrac{x^5}{5} + \dfrac{1 \cdot 3 \cdot 5}{2 \cdot 4 \cdot 6} \cdot \dfrac{x^7}{7} + \ldots$	$|x| \leq 1$
	23. $\arctan x = \dfrac{x}{1} - \dfrac{x^3}{3} + \dfrac{x^5}{5} - \dfrac{x^7}{7} + - \ldots + \dfrac{x^{2n-1}}{2n-1}$	$|x| \leq 1$
	24. $\arctan 1 = \dfrac{\pi}{4} = 1 - \dfrac{1}{3} + \dfrac{1}{5} - \dfrac{1}{7} + \ldots$ (Leibniz-Reihe)	
	25. $\sinh x = x + \dfrac{x^3}{3!} + \dfrac{x^5}{5!} + \dfrac{x^7}{7!} + \ldots$	$x \in \mathbb{R}$
	26. $\cosh x = 1 + \dfrac{x^2}{2!} + \dfrac{x^4}{4!} + \dfrac{x^6}{6!} + \ldots$	$x \in \mathbb{R}$

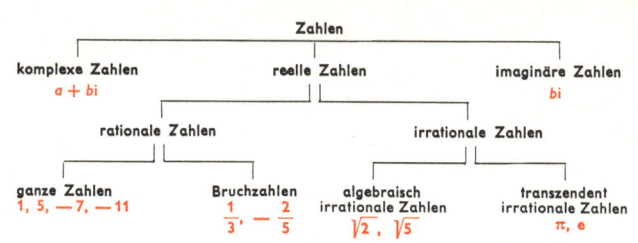

Zahlen

komplexe Zahlen — reelle Zahlen — imaginäre Zahlen
$a + bi$ — — bi

rationale Zahlen — irrationale Zahlen

ganze Zahlen — Bruchzahlen — algebraisch irrationale Zahlen — transzendent irrationale Zahlen
$1, 5, -7, -11$ — $\frac{1}{3}, -\frac{2}{5}$ — $\sqrt{2}, \sqrt{5}$ — π, e

Geometrie

Quadrat

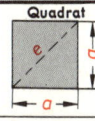

$$A = a \cdot a = a^2$$

$a = \sqrt{A}$ $e = a \cdot \sqrt{2}$ $U = 4 \cdot a$

Raute

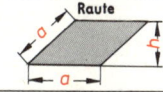

$$A = a \cdot h$$

$a = \dfrac{A}{h}; \quad h = \dfrac{A}{a}; \quad U = 4 \cdot a$

Rechteck

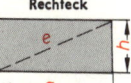

$$A = a \cdot h$$

$a = \dfrac{A}{h}; \quad h = \dfrac{A}{a}; \quad e = \sqrt{a^2 + h^2} \quad U = 2a + 2h$

Parallelogramm

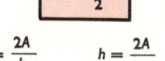

$$A = a \cdot h$$

$a = \dfrac{A}{h}; \quad h = \dfrac{A}{a}; \quad U = 2a + 2b$

Dreieck

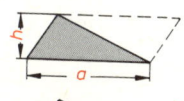

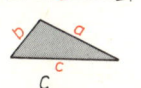

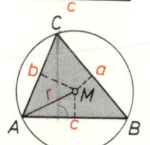

M: Schnittpunkt der Mittelsenkrechten

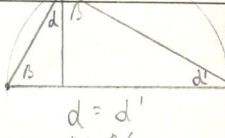

$$A = \frac{a \cdot h}{2}$$

$a = \dfrac{2A}{h} \qquad h = \dfrac{2A}{a}$

$$A = \sqrt{s\,(s-a) \cdot (s-b) \cdot (s-c)}$$

Heronische Formel

$s = \dfrac{a + b + c}{2}$

$$A = \frac{a \cdot b \cdot c}{4\,r}$$

$r = \dfrac{a \cdot b \cdot c}{4\,A} = \dfrac{a \cdot b}{2\,h_c} = \dfrac{b \cdot c}{2\,h_a} = \dfrac{a \cdot c}{2\,h_b}$

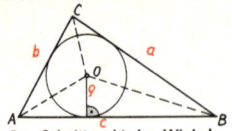

O: Schnittpunkt der Winkelhalbierenden

$$A = \varrho \cdot s = \varrho \cdot \frac{a + b + c}{2}$$

$$\overline{MO} = \sqrt{r^2 - 2r\varrho}$$ Abstand der Mittelpunkte
von In- und Umkreis

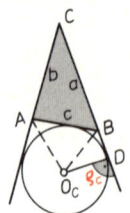

O_c: Schnittpunkt der Außen-
winkelhalbierenden

$$A = \sqrt{\varrho \cdot \varrho_a \cdot \varrho_b \cdot \varrho_c}$$

$$\varrho_a + \varrho_b + \varrho_c - \varrho = 4r$$

$$\frac{1}{\varrho} = \frac{1}{\varrho_a} + \frac{1}{\varrho_b} + \frac{1}{\varrho_c}$$

$$\frac{1}{\varrho_a} = \frac{s-a}{A} = -\frac{1}{h_a} + \frac{1}{h_b} + \frac{1}{h_c}$$

$$\frac{1}{\varrho_b} = \frac{s-b}{A} = \frac{1}{h_a} - \frac{1}{h_b} + \frac{1}{h_c}$$

$$\frac{1}{\varrho_c} = \frac{s-c}{A} = \frac{1}{h_a} + \frac{1}{h_b} - \frac{1}{h_c}$$

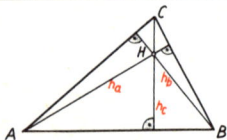

H: Höhenschnittpunkt

$$h_a : h_b : h_c = \frac{1}{a} : \frac{1}{b} : \frac{1}{c}$$

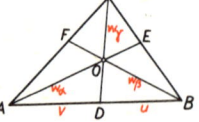

O: Schnittpunkt der Winkelhalbierenden = Mittelpunkt
des Inkreises

$$u : v = a : b$$

$$u + v = c$$

$$w_\gamma^2 = a \cdot b - u \cdot v$$

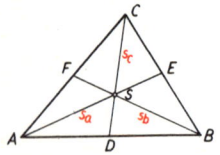

S: Schwerpunkt = Schnittpunkt
der Seitenhalbierenden

$$\overline{AS} : \overline{SE} = 2 : 1$$

$$s_a^2 + s_b^2 + s_c^2 = \frac{3}{4}(a^2 + b^2 + c^2)$$

$$s_a = \frac{1}{2}\sqrt{2(b^2 + c^2) - a^2}$$

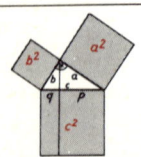

$$c^2 = a^2 + b^2$$ Pythagoras

$$a^2 = c \cdot p; \ b^2 = c \cdot q$$ Euklid

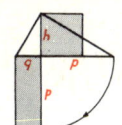

$$\boxed{h^2 = p \cdot q} \qquad \text{Höhensatz}$$

$$h = \sqrt{p \cdot q}; \quad p = \frac{h^2}{q}; \quad q = \frac{h^2}{p}$$

Trapez

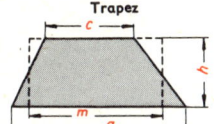

$$\boxed{A = \frac{a + c}{2} \cdot h}$$

$$A = m \cdot h; \quad m = \frac{a + c}{2}; \quad a = \frac{2A}{h} - c; \quad c = \frac{2A}{h} - a$$

(handschriftlich) $h = \dfrac{2A}{a+b}$ $\quad c = \dfrac{2A}{h} - a$ $\quad a = \dfrac{2A}{h} - b$

Regelmäßiges *n*-Eck

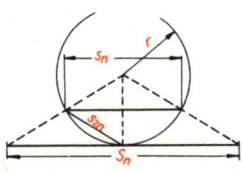

S_n = Seite des umschriebenen *n*-Ecks
s_n = Seite des einbeschriebenen *n*-Ecks

$$\boxed{s_{2n} = \sqrt{2r\left(r - \sqrt{r^2 - \left(\frac{S_n}{2}\right)^2}\right)}}$$

$$S_n = \frac{s_n}{\sqrt{1 - \left(\frac{s_n}{2r}\right)^2}}$$

Seitenzahl = Eckenzahl

Wichtige Werte von regelmäßigen Vielecken

h = Höhe des Teildreiecks; s = Seite; r und ϱ = Radien des Um- und Inkreises.

	A	r	$h = \varrho$
Dreieck:	$\frac{s^2}{4}\sqrt{3}$	$\frac{s}{3}\sqrt{3}$	$\frac{s}{6}\sqrt{3}$
Quadrat:	s^2	$\frac{s}{2}\sqrt{2}$	$\frac{s}{2}$
Fünfeck:	$\frac{s^2}{4}\sqrt{25 + 10\sqrt{5}}$	$\frac{s}{10}\sqrt{50 + 10\sqrt{5}}$	$\frac{s}{10}\sqrt{25 + 10\sqrt{5}}$
Sechseck:	$\frac{3}{2}s^2\sqrt{3}$	s	$\frac{s}{2}\sqrt{3}$
Achteck:	$2s^2(\sqrt{2} + 1)$	$\frac{s}{2}\sqrt{4 + 2\sqrt{2}}$	$\frac{s}{2}(\sqrt{2} + 1)$
Zehneck:	$\frac{5}{2}s^2\sqrt{5 + 2\sqrt{5}}$	$\frac{s}{2}(\sqrt{5} + 1)$	$\frac{s}{2}\sqrt{5 + 2\sqrt{5}}$
n-Eck:	$\frac{s \cdot n}{2} \cdot r \cdot \sqrt{1 - \frac{s^2}{4r^2}}$	r	$r\sqrt{1 - \frac{s^2}{4r^2}}$

Kreis

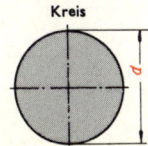

$$\boxed{A = \frac{d^2 \cdot \pi}{4}} \qquad \pi = 3{,}1415926\ldots$$

$$A = 0{,}785 \cdot d^2$$

$$d = \sqrt{\frac{4A}{\pi}} = \sqrt{A \cdot 1{,}274}; \quad U = d \cdot \pi; \quad d = \frac{U}{\pi}$$

Kreisring 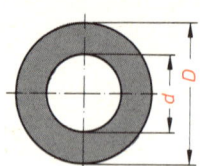	$$A = \frac{D^2 \cdot \pi}{4} - \frac{d^2 \cdot \pi}{4}$$ $$A = \frac{\pi}{4}(D^2 - d^2)$$ $$D = \sqrt{\frac{4A}{\pi} + d^2} \; ; \; d = \sqrt{D^2 - \frac{4A}{\pi}}$$
Kreisausschnitt 	$$A = \frac{b \cdot d}{4} \qquad b = d \cdot \pi \cdot \frac{\alpha}{360°}$$ $$d = \frac{4A}{b} = \sqrt{\frac{4A \cdot 360°}{\pi \cdot \alpha}}$$
Kreisabschnitt 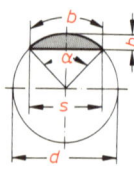	$$A = \frac{b \cdot d}{4} - \frac{s(d-2h)}{4}$$ $$A \approx \frac{2}{3} \cdot s \cdot h; \qquad b = d \cdot \pi \cdot \frac{\alpha}{360°} = \frac{d}{2} \cdot \text{arc}\,\alpha$$ $$s = d \cdot \sin\frac{\alpha}{2}; \qquad h = \frac{d}{2}\left(1 - \cos\frac{\alpha}{2}\right)$$
Ellipse 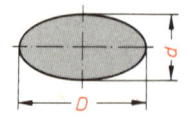	$$A = \frac{D \cdot d \cdot \pi}{4}$$ $$U \approx \frac{D+d}{2} \cdot \pi$$ $$U \approx 0{,}69 \cdot \pi \cdot \sqrt{D^2 + d^2}$$
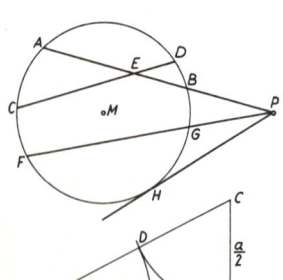	$\overline{AE} \cdot \overline{EB} = \overline{CE} \cdot \overline{ED}$ *Sehnensatz* $\overline{PA} \cdot \overline{PB} = \overline{PF} \cdot \overline{PG}$ *Sekantensatz* $\overline{PH^2} = \overline{PA} \cdot \overline{PB}$ *Tangentensatz* $\overline{AE} = \frac{a}{2}(\sqrt{5}-1)$ $\overline{AB} : \overline{AE} = \overline{AE} : \overline{EB}$ *Goldener Schnitt*

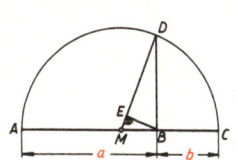

$$\overline{DM} = \frac{a+b}{2} = m \qquad \text{Arithmetisches Mittel}$$

$$\overline{DB} = \sqrt{a \cdot b} = g \qquad \text{Geometrisches Mittel}$$

$$\overline{DE} = \frac{2ab}{a+b} = h \qquad \text{Harmonisches Mittel}$$

Stereometrie 81.

V = Volumen; h = Höhe; h_s = Höhe der Seitenfläche; s = Seitenkante; $d\,(D)$ = Durchmesser; A = Fläche; O = Oberfläche; M = Mantel.

Würfel

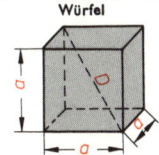

$$V = a^3$$

$$a = \sqrt[3]{V}; \quad D = a\sqrt{3}; \quad O = 6\,a^2$$

Prisma

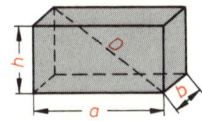

$$V = a \cdot b \cdot h$$

$$a = \frac{V}{b \cdot h}; \quad b = \frac{V}{a \cdot h}; \quad h = \frac{V}{a \cdot b}$$

$$D = \sqrt{a^2 + b^2 + h^2}; \quad O = 2\,(ab + bh + ah)$$

Zylinder

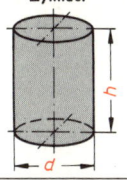

$$V = A \cdot h = \frac{d^2 \cdot \pi}{4} \cdot h$$

$$d = \sqrt{\frac{4 \cdot V}{\pi \cdot h}}; \quad h = \frac{V}{A}$$

$$M = d \cdot \pi \cdot h; \quad O = d \cdot \pi \left(h + \frac{d}{2}\right)$$

Hohlzylinder

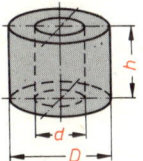

$$V = \frac{\pi h}{4}\,(D^2 - d^2)$$

$$h = \frac{4 \cdot V}{\pi \cdot (D^2 - d^2)}; \quad D = \sqrt{\frac{4\,V}{\pi h} + d^2}$$

$$d = \sqrt{D^2 - \frac{4\,V}{\pi h}}$$

Pyramide

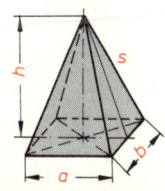

$$V = \frac{A \cdot h}{3} = \frac{a \cdot b \cdot h}{3}$$

$$a = \frac{3\,V}{b\,h}; \quad b = \frac{3\,V}{a\,h}; \quad h = \frac{3\,V}{a\,b}$$

$$s = \sqrt{h^2 + \frac{a^2 + b^2}{4}}$$

$$M = a\sqrt{\frac{b^2}{4} + h^2} + b\sqrt{\frac{a^2}{4} + h^2}$$

Kegel 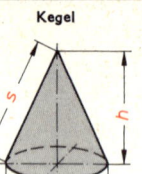	$$V = \frac{A \cdot h}{3} = \frac{d^2 \pi}{4} \cdot \frac{h}{3}$$ $$d = \sqrt{\frac{12V}{\pi h}}; \quad h = \frac{3V}{A}; \quad s = \sqrt{h^2 + \frac{d^2}{4}}$$ $$M = \frac{d\pi}{2}\sqrt{h^2 + \frac{d^2}{4}} = \frac{d\pi s}{2} \qquad M = r \cdot \pi \cdot s$$ $$O = \frac{d\pi}{2}\left(\sqrt{h^2 + \frac{d^2}{4}} + \frac{d}{2}\right)$$
Pyramidenstumpf 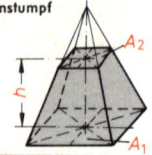	$$V = \frac{h}{3}\left(A_1 + A_2 + \sqrt{A_1 \cdot A_2}\right)$$ $$V \approx \frac{A_1 + A_2}{2} \cdot h$$
Kegelstumpf 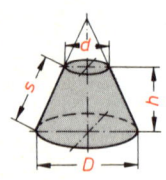	$$V = \frac{\pi h}{12}(D^2 + d^2 + D \cdot d)$$ $$V \approx \frac{A_1 + A_2}{2} \cdot h$$ $$s = \frac{1}{2}\sqrt{4h^2 + (D-d)^2}$$ $$M = \frac{\pi s}{2}(D + d)$$ $$O = \frac{\pi s}{2}(D + d) + \frac{\pi}{4}(D^2 + d^2)$$
Kugel 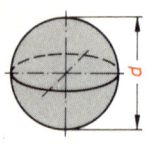	$$V = \frac{d^3 \pi}{6}$$ $$V = 0,523 \cdot d^3$$ $$d = \sqrt[3]{\frac{6V}{\pi}} = \sqrt{\frac{O}{\pi}}$$ $$O = d^2 \pi$$
Kugelabschnitt 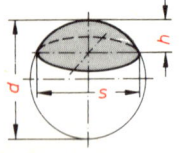	$$V = \frac{\pi h^2}{6}(3d - 2h)$$ $$V = \pi h \left(\frac{s^2}{8} + \frac{h^2}{6}\right)$$ $$M = d\pi h = \frac{\pi}{4}(s^2 + 4h^2)$$
Kugelausschnitt 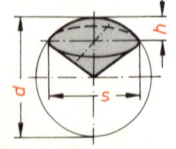	$$V = \frac{1}{6}\pi d^2 h$$ $$d = \sqrt{\frac{6V}{\pi h}}; \quad h = \frac{6V}{\pi d^2}$$ $$O = \frac{d\pi}{4}(4h + s)$$

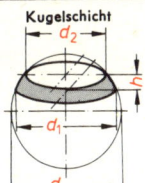

Kugelschicht

$$V = \frac{\pi\,h}{24}\left(3\,d_1^2 + 3\,d_2^2 + 4\,h^2\right)$$

$M = d\,\pi\,h$ (Kugelzone)

$$O = \frac{\pi}{4}\left(4\,dh + d_1^2 + d_2^2\right)$$

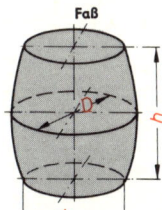

Faß

$$V \approx \frac{\pi\,h}{12}\left(2\,D^2 + d^2\right)$$

$$h \approx \frac{12\,V}{\pi\,(2\,D^2 + d^2)}$$

$$D \approx \sqrt{\frac{6\,V}{\pi\,h} - \frac{d^2}{2}}$$

$$d \approx \sqrt{\frac{12\,V}{\pi\,h} - 2\,D^2}$$

Simpsonsche Regel · 83.1.

Die Rauminhalte aller bisher behandelten Körper und darüber hinaus auch aller einfachen Körper, z. B. Faß, Kübel usw., kann man mit Hilfe der Simpsonschen Regel hinreichend genau berechnen.

$$V = \frac{h}{6}\,(A_1 + A_2 + 4\,M_A)$$

Mittelfläche $\boxed{M_A = a_m \cdot b_m}$ $\quad a_m = \dfrac{a_1 + a_2}{2}\,; \quad b_m = \dfrac{b_1 + b_2}{2}$

Guldinsche Regel · 83.2.

Alle Körper, die durch Drehung einer beliebigen Fläche (A) um eine Drehachse (x—x) entstanden sind, nennt man Drehkörper.

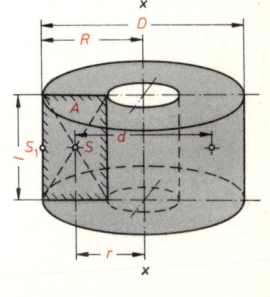

x—x	Drehachse
A	Drehfläche
S	Schwerpunkt der Drehfläche
d	Durchmesser des Schwerpunktweges } der
r	Halbmesser des Schwerpunktweges } Drehfläche
V	Volumen des Drehkörpers
l	Länge der Mantellinie des Drehkörpers
S_1	Schwerpunkt der Mantellinie
D	Durchmesser des Schwerpunktweges } der
R	Radius des Schwerpunktweges } Mantellinie
O	Mantelfläche (Oberfläche) des Drehkörpers

Oberfläche

Die Oberfläche (O) ist gleich der Länge *l* der bewegten Linie, multipliziert mit dem Weg ihres Schwerpunktes (S_1) um die Drehachse (x—x).

$$O = l \cdot D \cdot \pi$$
oder
$$O = l \cdot 2R \cdot \pi$$

Volumen

Das Volumen (V) ist gleich der bewegten Fläche (A), multipliziert mit dem Weg ihres Schwerpunktes (S) um die Drehachse (x—x).

$$V = A \cdot d \cdot \pi$$
oder
$$V = A \cdot 2r \cdot \pi$$

Dreieck

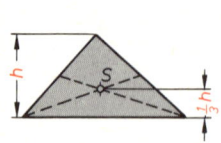

S liegt im Schnittpunkt der Seitenhalbierenden

Rechtwinkliges Trapez

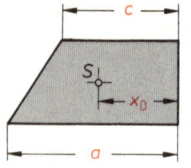

$$x_0 = \frac{a^2 + ac + c^2}{3\,(a + c)}$$

Kreisausschnitt

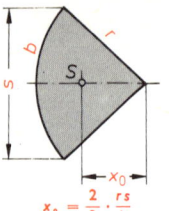

$$x_0 = \frac{2}{3} \cdot \frac{r\,s}{b}$$

Rechteck

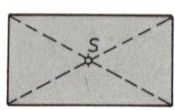

Halbkreis

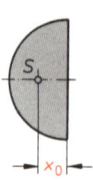

$$x_0 = \frac{4r}{3\pi} = 0{,}424 \cdot r$$

Kreisabschnitt

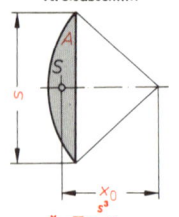

$$x_0 = \frac{s^3}{12A}$$

Trapez

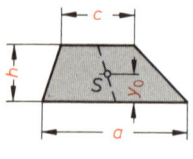

$$y_0 = \frac{h}{3} \cdot \frac{a + 2c}{a + c}$$

Viertelkreis

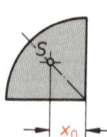

$$x_0 = \frac{4r}{3\pi} = 0{,}424 \cdot r$$

Kreisringfläche

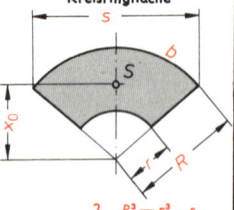

$$x_0 = \frac{2}{3} \cdot \frac{R^3 - r^3}{R^2 - r^2} \cdot \frac{s}{b}$$

Schwerpunkt des Kreisbogens

Liniens.

$y = \frac{d}{\pi}$

$y_S = \frac{2\,d}{3\,\pi}$

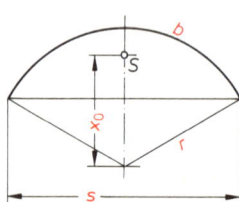

$$x_0 = \frac{R \cdot s}{b}$$

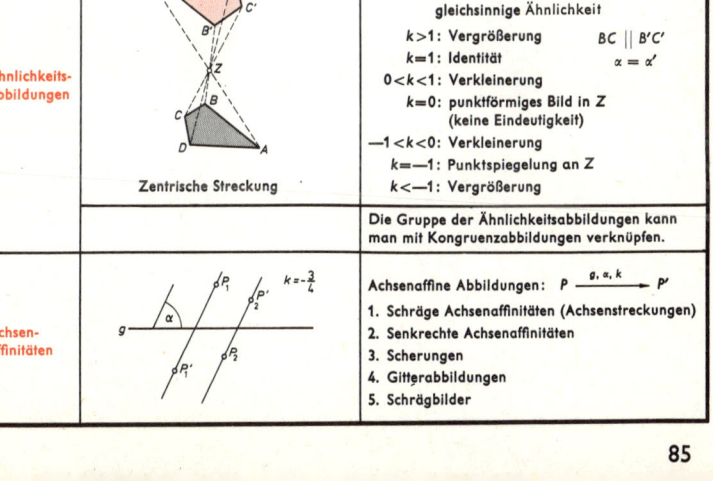

	Urbild $\xrightarrow[\text{Spiegelung}]{\text{Abbildung}}$ Abbild ; $P \xrightarrow{g} P'$

Kongruenz-abbildungen

Spiegelung (S$_g$)

Urbild $\xrightarrow[\text{Spiegelung}]{\text{Abbildung}}$ Abbild ; $P \xrightarrow{g} P'$

gegensinnige Kongruenz

$\overline{AB} = \overline{A'B'}$; $|\alpha| = |-\alpha'|$

$AA' \perp g$; $\overline{AC} = \overline{CA'}$

$\sphericalangle \overline{ACP} = \sphericalangle \overline{A'CP}$

Verschiebung (V$_a$)

Urbild $\xrightarrow[\text{Verschiebung}]{\text{Abbildung}}$ Abbild ; $P \xrightarrow{a} P'$

gleichsinnige Kongruenz

$AB \parallel A'B'$

a (Verschiebungsvektor)

Drehung (D$_\alpha$)

Urbild $\xrightarrow[\text{Drehung}]{\text{Abbildung}}$ Abbild ; $P \xrightarrow{S, \alpha} P'$

gleichsinnige Kongruenz

Punktspiegelung (Drehung um 180°)

$P \xrightarrow{S,\ 180°} P'$

Ähnlichkeits-abbildungen

Zentrische Streckung

Urbild $\xrightarrow[\text{Zentrische Streckung}]{\text{Abbildung}}$ Abbild ; $P \xrightarrow{Z, k} P'$

gleichsinnige Ähnlichkeit

$k > 1$: Vergrößerung

$k = 1$: Identität

$0 < k < 1$: Verkleinerung

$k = 0$: punktförmiges Bild in Z (keine Eindeutigkeit)

$-1 < k < 0$: Verkleinerung

$k = -1$: Punktspiegelung an Z

$k < -1$: Vergrößerung

$BC \parallel B'C'$

$\alpha = \alpha'$

Die Gruppe der Ähnlichkeitsabbildungen kann man mit Kongruenzabbildungen verknüpfen.

Achsen-affinitäten

$k = -\frac{3}{4}$

Achsenaffine Abbildungen: $P \xrightarrow{g, \alpha, k} P'$

1. Schräge Achsenaffinitäten (Achsenstreckungen)
2. Senkrechte Achsenaffinitäten
3. Scherungen
4. Gitterabbildungen
5. Schrägbilder

85

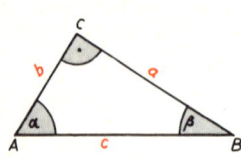

$$F = \frac{a \cdot b \cdot \sin \gamma}{2} = \frac{a \cdot c \cdot \sin \beta}{2} = \frac{b \cdot c \cdot \sin \alpha}{2}$$

Im rechtwinkligen Dreieck:

$$\sin \alpha = \frac{\text{Gegenkathete}}{\text{Hypotenuse}} = \frac{a}{c} \qquad \cos \alpha = \frac{\text{Ankathete}}{\text{Hypotenuse}} = \frac{b}{c}$$

$$\tan \alpha = \frac{\text{Gegenkathete}}{\text{Ankathete}} = \frac{a}{b} \qquad \cot \alpha = \frac{\text{Ankathete}}{\text{Gegenkathete}} = \frac{b}{a}$$

$$\cos \alpha = \frac{b^2 + c^2 - a^2}{2 bc}$$

$$\cos \beta = \frac{a^2 + c^2 - b^2}{2 ac} \qquad \cos \gamma = \frac{a^2 + b^2 - c^2}{2 ab}$$

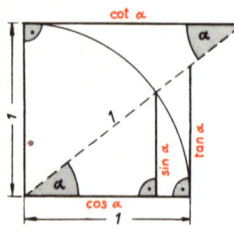

Beziehungen zwischen den Winkelfunktionswerten:

$$\sin \alpha = \cos (90° - \alpha) \qquad\qquad \cos \alpha = \sin (90° - \alpha)$$

$$\tan \alpha = \frac{\sin \alpha}{\cos \alpha} \qquad\qquad \tan \alpha = \frac{1}{\cot \alpha}$$

$$\cot \alpha = \frac{\cos \alpha}{\sin \alpha} \qquad\qquad \cot \alpha = \frac{1}{\tan \alpha}$$

$$\sin^2 \alpha + \cos^2 \alpha = 1 \qquad\qquad \tan \alpha \cdot \cot \alpha = 1$$

$$\sin \alpha = \frac{\tan \alpha}{\sqrt{1 + \tan^2 \alpha}} \qquad\qquad \cos \alpha = \frac{1}{\sqrt{1 + \tan^2 \alpha}}$$

$$\tan \alpha = \frac{\sin \alpha}{\sqrt{1 - \sin^2 \alpha}} \qquad\qquad \frac{1}{\cos^2 \alpha} = 1 + \tan^2 \alpha$$

	$\sin \alpha$	$\cos \alpha$	$\tan \alpha$	$\cot \alpha$
$\sin \alpha =$	—	$\sqrt{1 - \cos^2 \alpha}$	$\dfrac{\tan \alpha}{\sqrt{1 + \tan^2 \alpha}}$	$\dfrac{1}{\sqrt{1 + \cot^2 \alpha}}$
$\cos \alpha =$	$\sqrt{1 - \sin^2 \alpha}$	—	$\dfrac{1}{\sqrt{1 + \tan^2 \alpha}}$	$\dfrac{\cot \alpha}{\sqrt{1 + \cot^2 \alpha}}$
$\tan \alpha =$	$\dfrac{\sin \alpha}{\sqrt{1 - \sin^2 \alpha}}$	$\dfrac{\sqrt{1 - \cos^2 \alpha}}{\cos \alpha}$	—	$\dfrac{1}{\cot \alpha}$
$\cot \alpha =$	$\dfrac{\sqrt{1 - \sin^2 \alpha}}{\sin \alpha}$	$\dfrac{\cos \alpha}{\sqrt{1 - \cos^2 \alpha}}$	$\dfrac{1}{\tan \alpha}$	—

Wichtige Werte						Umwandlung			
Winkel		$\frac{\pi}{6}$	$\frac{\pi}{4}$	$\frac{\pi}{3}$	$\frac{\pi}{2}$	*Quadrant*	II	III	IV
	0°	30°	45°	60°	90°	$\alpha_{II} \dots \alpha_{IV}$	$90° \leq \alpha_{II} \leq 180°$	$180° \leq \alpha_{III} \leq 270°$	$270° \leq \alpha_{IV} \leq 360°$
sin	0	$\frac{1}{2}$	$\frac{1}{2}\sqrt{2}$	$\frac{1}{2}\sqrt{3}$	1	$\sin \alpha_{II \dots IV}$	$\sin (180° - \alpha_{II})$	$-\sin (\alpha_{III} - 180°)$	$-\sin (360° - \alpha_{IV})$
cos	1	$\frac{1}{2}\sqrt{3}$	$\frac{1}{2}\sqrt{2}$	$\frac{1}{2}$	0	$\cos \alpha_{II \dots IV}$	$-\cos (180° - \alpha_{II})$	$-\cos (\alpha_{III} - 180°)$	$\cos (360° - \alpha_{IV})$
tan	0	$\frac{1}{3}\sqrt{3}$	1	$\sqrt{3}$	∞	$\tan \alpha_{II \dots IV}$	$-\tan (180° - \alpha_{II})$	$\tan (\alpha_{III} - 180°)$	$-\tan (360° - \alpha_{IV})$
cot	∞	$\sqrt{3}$	1	$\frac{1}{3}\sqrt{3}$	0	$\cot \alpha_{II \dots IV}$	$-\cot (180° - \alpha_{II})$	$\cot (\alpha_{III} - 180°)$	$-\cot (360° - \alpha_{IV})$

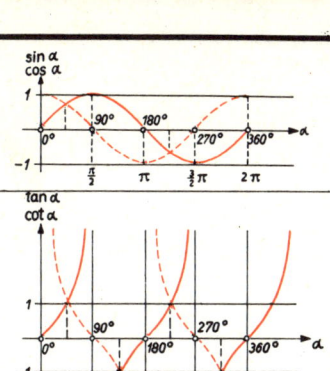

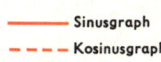	——— Sinusgraph
	- - - Kosinusgraph

	——— Tangensgraph
	- - - Kotangensgraph

(handwritten notes): $\sin^2 x = \frac{1}{2}$; $|\sin x| = \frac{1}{2}\sqrt{2}$; Betrag + —

Beziehungen für einen Winkel

$$\sin \frac{\alpha}{2} = \sqrt{\frac{1 - \cos \alpha}{2}}$$

$$\cos \frac{\alpha}{2} = \sqrt{\frac{1 + \cos \alpha}{2}}$$

$$\tan \frac{\alpha}{2} = \sqrt{\frac{1 - \cos \alpha}{1 + \cos \alpha}} = \frac{\sin \alpha}{1 + \cos \alpha} = \frac{1 - \cos \alpha}{\sin \alpha}$$

$$2 \sin^2 \frac{\alpha}{2} = 1 - \cos \alpha$$

$$2 \cos^2 \frac{\alpha}{2} = 1 + \cos \alpha$$

$$\cot \frac{\alpha}{2} = \sqrt{\frac{1 + \cos \alpha}{1 - \cos \alpha}}$$

$$\sin \alpha = 2 \sin \frac{\alpha}{2} \cos \frac{\alpha}{2}$$

$$\cos \alpha = \cos^2 \frac{\alpha}{2} - \sin^2 \frac{\alpha}{2}$$

$$\tan \alpha = \frac{2 \tan \frac{\alpha}{2}}{1 - \tan^2 \frac{\alpha}{2}}$$

$$\tan \alpha = \sqrt{\frac{1 - \cos 2\alpha}{1 + \cos 2\alpha}} = \frac{\sin 2\alpha}{1 + \cos 2\alpha}$$

(handwritten): $\sin 2x = 2 \sin x \cdot \cos x$

$$\cot \alpha = \frac{\cot^2 \frac{\alpha}{2} - 1}{2 \cot \frac{\alpha}{2}}$$

$$\sin \alpha = \sqrt{\frac{1 - \cos 2\alpha}{2}}$$

$$\cos \alpha = \sqrt{\frac{1 + \cos 2\alpha}{2}}$$

$$\sin 2\alpha = 2 \sin \alpha \cdot \cos \alpha$$

$$\cos 2\alpha = \cos^2 \alpha - \sin^2 \alpha$$
$$= 2 \cos^2 \alpha - 1$$
$$= 1 - 2 \sin^2 \alpha$$

$$\tan 2\alpha = \frac{2 \tan \alpha}{1 - \tan^2 \alpha}$$

$$\cot 2\alpha = \frac{\cot^2 \alpha - 1}{2 \cot \alpha}$$

$$2 \sin^2 \alpha = 1 - \cos 2\alpha$$

$$2 \cos^2 \alpha = 1 + \cos 2\alpha$$

$$\sin 3\alpha = 3 \sin \alpha - 4 \sin^3 \alpha; \quad \cos 3\alpha = 4 \cos^3 \alpha - 3 \cos \alpha$$

$$\sin n\alpha = n \cdot \sin \alpha \cdot \cos^{n-1} \alpha - \binom{n}{3} \cdot \sin^3 \alpha \cdot \cos^{n-3} \alpha + \binom{n}{5} \cdot \sin^5 \alpha \cdot \cos^{n-5} \alpha - + \ldots$$

$$\cos n\alpha = \cos^n \alpha - \binom{n}{2} \cdot \sin^2 \alpha \cdot \cos^{n-2} \alpha + \binom{n}{4} \cdot \sin^4 \alpha \cdot \cos^{n-4} \alpha - + \ldots$$

$$\sin(\alpha \pm \beta) = \sin \alpha \cos \beta \pm \cos \alpha \sin \beta$$

$$\cos(\alpha \pm \beta) = \cos \alpha \cos \beta \mp \sin \alpha \sin \beta$$

$$\tan(\alpha \pm \beta) = \frac{\tan \alpha \pm \tan \beta}{1 \mp \tan \alpha \tan \beta} = m$$

$$\cot(\alpha \pm \beta) = \frac{\cot \alpha \cot \beta \mp 1}{\cot \beta \pm \cot \alpha}$$

$$\sin \alpha + \sin \beta = 2 \sin \frac{\alpha + \beta}{2} \cos \frac{\alpha - \beta}{2}$$

$$\sin \alpha - \sin \beta = 2 \cos \frac{\alpha + \beta}{2} \sin \frac{\alpha - \beta}{2}$$

$$\cos \alpha + \cos \beta = 2 \cos \frac{\alpha + \beta}{2} \cos \frac{\alpha - \beta}{2}$$

$$\cos \alpha - \cos \beta = -2 \sin \frac{\alpha + \beta}{2} \sin \frac{\alpha - \beta}{2}$$

$$\tan \alpha \pm \tan \beta = \frac{\sin(\alpha \pm \beta)}{\cos \alpha \cos \beta}$$

$$\cot \alpha \pm \cot \beta = \pm \frac{\sin(\alpha \pm \beta)}{\sin \alpha \sin \beta}$$

$$\frac{\sin \alpha + \sin \beta}{\cos \alpha + \cos \beta} = \tan \frac{\alpha + \beta}{2}$$

$$\frac{\sin \alpha - \sin \beta}{\cos \alpha + \cos \beta} = \tan \frac{\alpha - \beta}{2}$$

$$\frac{\tan \alpha + \tan \beta}{\cot \alpha + \cot \beta} = \tan \alpha \cdot \tan \beta$$

$$\frac{\cot \alpha + 1}{\cot \alpha - 1} = \cot(45° - \alpha)$$

$$\frac{1 + \tan \alpha}{1 - \tan \alpha} = \tan(45° + \alpha)$$

$$\cos \alpha + \sin \alpha = \sqrt{2} \sin(45° + \alpha) = \sqrt{2} \cos(45° - \alpha) = \sqrt{1 + \sin 2\alpha}$$

$$\cos \alpha - \sin \alpha = \sqrt{2} \cos(45° + \alpha) = \sqrt{2} \sin(45° - \alpha) = \sqrt{1 - \sin 2\alpha}$$

$$\tan \alpha + \cot \alpha = \frac{2}{\sin 2\alpha} \qquad \cot \alpha - \tan \alpha = 2 \cot 2\alpha$$

$$2 \sin \alpha \cos \beta = [\sin(\alpha + \beta) + \sin(\alpha - \beta)]$$

$$2 \cos \alpha \cos \beta = [\cos(\alpha + \beta) + \cos(\alpha - \beta)]$$

$$2 \sin \alpha \sin \beta = -[\cos(\alpha + \beta) - \cos(\alpha - \beta)]$$

$$\sin(\alpha + \beta) \cdot \sin(\alpha - \beta) = \sin^2 \alpha - \sin^2 \beta = \cos^2 \beta - \cos^2 \alpha$$

$$\cos(\alpha + \beta) \cdot \cos(\alpha - \beta) = \cos^2 \alpha - \sin^2 \beta = \cos^2 \beta - \sin^2 \alpha$$

---

1. $\sin \alpha + \sin \beta + \sin \gamma = 4 \cdot \cos \dfrac{\alpha}{2} \cdot \cos \dfrac{\beta}{2} \cdot \cos \dfrac{\gamma}{2}$

2. $\cos \alpha + \cos \beta + \cos \gamma = 4 \cdot \sin \dfrac{\alpha}{2} \cdot \sin \dfrac{\beta}{2} \cdot \sin \dfrac{\gamma}{2} + 1$

3. $\sin \alpha + \sin \beta - \sin \gamma = 4 \cdot \sin \dfrac{\alpha}{2} \cdot \sin \dfrac{\beta}{2} \cdot \cos \dfrac{\gamma}{2}$

4. $\cos \alpha + \cos \beta - \cos \gamma = 4 \cdot \cos \dfrac{\alpha}{2} \cdot \cos \dfrac{\beta}{2} \cdot \sin \dfrac{\gamma}{2} - 1$

5. $\sin 2\alpha + \sin 2\beta + \sin 2\gamma = 4 \cdot \sin \alpha \cdot \sin \beta \cdot \sin \gamma$

6. $\cos 2\alpha + \cos 2\beta + \cos 2\gamma = -4 \cdot \cos \alpha \cdot \cos \beta \cdot \cos \gamma - 1$

7. $\sin 2\alpha + \sin 2\beta - \sin 2\gamma = 4 \cdot \cos \alpha \cdot \cos \beta \cdot \sin \gamma$

8. $\cos 2\alpha + \cos 2\beta - \cos 2\gamma = -4 \cdot \sin \alpha \cdot \sin \beta \cdot \cos \gamma + 1$

9. $\sin^2 \alpha + \sin^2 \beta + \sin^2 \gamma = 2 \cdot \cos \alpha \cdot \cos \beta \cdot \cos \gamma + 2$

10. $\cos^2 \alpha + \cos^2 \beta + \cos^2 \gamma = -2 \cdot \cos \alpha \cdot \cos \beta \cdot \cos \gamma + 1$

11. $\sin^2 \alpha + \sin^2 \beta - \sin^2 \gamma = 2 \cdot \sin \alpha \cdot \sin \beta \cdot \cos \gamma$

12. $\cos^2 \alpha + \cos^2 \beta - \cos^2 \gamma = -2 \cdot \sin \alpha \cdot \sin \beta \cdot \cos \gamma + 1$

13. $\tan \alpha + \tan \beta + \tan \gamma = \tan \alpha \cdot \tan \beta \cdot \tan \gamma$

14. $\cot \dfrac{\alpha}{2} + \cot \dfrac{\beta}{2} + \cot \dfrac{\gamma}{2} = \cot \dfrac{\alpha}{2} \cdot \cot \dfrac{\beta}{2} \cdot \cot \dfrac{\gamma}{2}$

15. $\cot \alpha \cdot \cot \beta + \cot \beta \cdot \cot \gamma + \cot \gamma \cdot \cot \alpha = 1$.

Durch zyklische Vertauschung der vorkommenden Größen ergeben sich weitere Formeln:

$$s = \frac{a+b+c}{2}$$

$$= 4r \cdot \cos \frac{\alpha}{2} \cos \frac{\beta}{2} \cos \frac{\gamma}{2}$$

$$r = \frac{a}{2 \sin \alpha} \quad \text{Umkreis.}$$

$$\varrho = 4r \sin \frac{\alpha}{2} \sin \frac{\beta}{2} \sin \frac{\gamma}{2}$$

$$= \frac{abc}{4rs} = \sqrt{\frac{(s-a)(s-b)(s-c)}{s}}$$

$$\varrho_a = s \tan \frac{\alpha}{2} = \frac{\varrho \cdot s}{s-a}$$

$$= \sqrt{\frac{s(s-b)(s-c)}{s-a}}$$

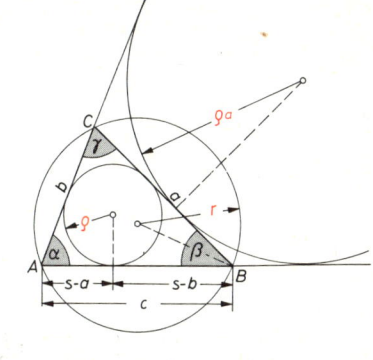

Sinussatz
$$\frac{a}{\sin \alpha} = \frac{b}{\sin \beta} = \frac{c}{\sin \gamma} = 2r$$

Kosinussatz
$$a^2 = b^2 + c^2 - 2bc \, \cos \alpha = (b+c)^2 - 4bc \, \cos^2 \frac{\alpha}{2}$$

$$= (b-c)^2 + 4bc \, \sin^2 \frac{\alpha}{2}$$

Projektionssatz
$$a = b \cos \gamma + c \cos \beta$$

Tangenssatz (Nepersche Formel)
$$\frac{a+b}{a-b} = \frac{\tan \frac{\alpha+\beta}{2}}{\tan \frac{\alpha-\beta}{2}} \qquad \frac{a+c}{a-c} = \frac{\tan \frac{\alpha+\gamma}{2}}{\tan \frac{\alpha-\gamma}{2}}$$

Mollweidesche Formeln
$$\frac{a+b}{c} = \frac{\cos \frac{\alpha-\beta}{2}}{\cos \frac{\alpha+\beta}{2}} \qquad \frac{a+c}{b} = \frac{\cos \frac{\alpha-\gamma}{2}}{\sin \frac{\beta}{2}}$$

$$\frac{a-b}{c} = \frac{\sin \frac{\alpha-\beta}{2}}{\sin \frac{\alpha+\beta}{2}} \qquad \frac{a-c}{b} = \frac{\sin \frac{\alpha-\gamma}{2}}{\cos \frac{\beta}{2}}$$

Sehnenformeln
$$a = 2r \sin \alpha; \; b = 2r \sin \beta; \; c = 2r \sin \gamma$$

Halbwinkelsatz
$$\sin \frac{\alpha}{2} = \sqrt{\frac{(s-b)(s-c)}{bc}}$$

$$\cos \frac{\alpha}{2} = \sqrt{\frac{s(s-a)}{bc}}$$

$$\tan \frac{\alpha}{2} = \sqrt{\frac{(s-b)(s-c)}{s(s-a)}} = \frac{\varrho}{s-a} = \frac{\varrho_a}{s}$$

$$= \frac{s-c}{\varrho_b} = \frac{s-b}{\varrho_c}$$

Flächeninhalt
$$A = \frac{1}{2} a \, h_a = \frac{1}{2} ab \cdot \sin \gamma = \frac{1}{2} a^2 \frac{\sin \beta \cdot \sin \gamma}{\sin \alpha}$$

$$= 2r^2 \sin \alpha \sin \beta \sin \gamma = \sqrt{s(s-a)(s-b)(s-c)}$$

$$= \varrho \cdot s = \varrho_a (s-a) = \sqrt{\varrho \cdot \varrho_a \cdot \varrho_b \cdot \varrho_c}$$

Arcusfunktionen

Funktion	Umkehrfunktion	Hauptwerte
$y \mapsto \sin y$	$x \mapsto \arcsin x$	$-\dfrac{\pi}{2} \leq y \leq +\dfrac{\pi}{2}$
$y \mapsto \cos y$	$x \mapsto \arccos x$	$0 \leq y \leq +\pi$
$y \mapsto \tan y$	$x \mapsto \arctan x$	$-\dfrac{\pi}{2} < y < +\dfrac{\pi}{2}$
$y \mapsto \cot y$	$x \mapsto \operatorname{arccot} x$	$0 < y < +\pi$

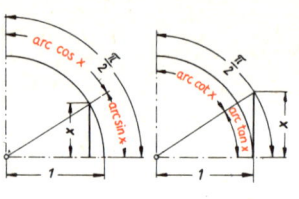

$$\arcsin x + \arccos x = \frac{\pi}{2}; \quad \arctan x + \operatorname{arccot} x = \frac{\pi}{2}$$

Gleichungen der Hyperbelfunktionen

$$\sinh x = \frac{1}{2}\left(e^x - e^{-x}\right)$$

$$\cosh x = \frac{1}{2}\left(e^x + e^{-x}\right)$$

$$\tanh x = \frac{\sinh x}{\cosh x} = \frac{e^x - e^{-x}}{e^x + e^{-x}}$$

$$\coth x = \frac{\cosh x}{\sinh x} = \frac{e^x + e^{-x}}{e^x - e^{-x}}$$

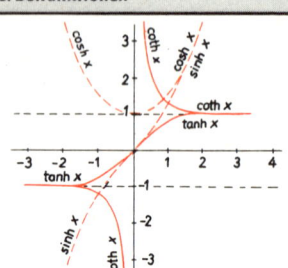

$$\cosh^2 x - \sinh^2 x = 1$$
$$\cosh x + \sinh x = e^x$$
$$\cosh x - \sinh x = e^{-x}$$

$$\tanh(\alpha \pm \beta) = \frac{\tanh \alpha \pm \tanh \beta}{1 \pm \tanh \alpha \cdot \tanh \beta}$$

$$\coth(\alpha \pm \beta) = \frac{1 \pm \coth \alpha \cdot \coth \beta}{\coth \alpha \pm \coth \beta}$$

$$\sinh(\alpha \pm \beta) = \sinh \alpha \cdot \cosh \beta \pm \cosh \alpha \cdot \sinh \beta$$
$$\cosh(\alpha \pm \beta) = \cosh \alpha \cdot \cosh \beta \pm \sinh \alpha \cdot \sinh \beta$$
$$\sinh n\,a = n \cdot \sinh a \cdot \cosh^{n-1} a + \binom{n}{3} \cdot \sinh^3 a \cdot \cosh^{n-3} a + \ldots$$
$$\cosh n\,a = \cosh^n a + \binom{n}{2} \cdot \cosh^{n-2} a \cdot \sinh^2 a + \binom{n}{4} \cdot \cosh^{n-4} a \cdot \sinh^4 a + \ldots$$

$\sin x = -i \sinh i x$	$\sinh x = -i \sin i x$
$\cos x = \cosh i x$	$\cosh x = \cos i x$
$\tan x = -i \tanh i x$	$\tanh x = -i \tan i x$
$\cot x = i \coth i x$	$\coth x = i \cot i x$

Gleichungen der Umkehrfunktionen

$\operatorname{arsinh} x = \ln\left(x + \sqrt{x^2 + 1}\right)$	$\operatorname{artanh} x = \dfrac{1}{2} \cdot \ln \dfrac{1 + x}{1 - x}; \quad -1 < x < 1$
$\operatorname{arcosh} x = \ln\left(x \pm \sqrt{x^2 - 1}\right); \quad x \geq 1$	$\operatorname{arcoth} x = \dfrac{1}{2} \cdot \ln \dfrac{x + 1}{x - 1}; \quad -1 > x > 1$

Sphärische Trigonometrie

Nepersche Regel

Läßt man den rechten Winkel fort, und setzt man für die Katheten a und b ihre Komplemente $(90°-a)$ und $(90°-b)$, so ist der cos eines der fünf Stücke gleich dem Produkt

1. der cot der anliegenden Stücke,
2. der sin der nicht anliegenden Stücke

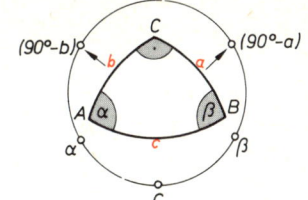

$$\sin a = \frac{\sin a}{\sin b}; \qquad \cos a = \frac{\tan b}{\tan c}$$

$$\tan a = \frac{\tan a}{\sin b}; \qquad \cot a = \frac{\sin b}{\tan a}$$

$$\cos c = \cos a \cdot \cos b = \cot a \cdot \cot \beta$$

Sphärischer Exzeß
$$\varepsilon = a + \beta + \gamma - 180°$$

Flächeninhalt
r = Kugelradius
$$A = \frac{\varepsilon \pi r^2}{180°} = (a + \beta + \gamma - \pi) \cdot r^2$$

Sinussatz
$$\frac{\sin a}{\sin a} = \frac{\sin b}{\sin \beta} = \frac{\sin c}{\sin \gamma}$$

Seitenkosinussatz
$$\cos a = \cos b \cos c + \sin b \sin c \cdot \cos a$$

Winkelkosinussatz
$$\cos a = - \cos \beta \cos \gamma + \sin \beta \sin \gamma \cdot \cos a$$

Sinus-Kosinus-Sätze
$$\sin a \cdot \cos \beta = \cos b \cdot \sin c - \sin b \cdot \cos c \cdot \cos a$$
$$\sin a \cdot \cos b = \cos \beta \cdot \sin \gamma + \sin \beta \cdot \cos \gamma \cdot \cos a$$

Satz der vier aufeinanderfolgenden Stücke.

1 ist immer eine Seite, der Umlaufsinn ist beliebig.
$$\cos 2 \cdot \cos 3 = \cot 1 \cdot \sin 3 - \sin 2 \cdot \cot 4$$

Beispiel: $\overset{1}{b}, \overset{2}{a}, \overset{3}{c}, \overset{4}{\beta}$
$$\cos a \cdot \cos c = \cot b \cdot \sin c - \sin a \cdot \cot \beta$$

Nepersche Analogien
(Tangenssätze)
$$\frac{\tan \frac{a+b}{2}}{\tan \frac{c}{2}} = \frac{\cos \frac{a-\beta}{2}}{\cos \frac{a+\beta}{2}}$$

$$\frac{\tan \frac{a-b}{2}}{\tan \frac{c}{2}} = \frac{\sin \frac{a-\beta}{2}}{\sin \frac{a+\beta}{2}}$$

$$\frac{\tan \frac{a+\beta}{2}}{\cot \frac{\gamma}{2}} = \frac{\cos \frac{a-b}{2}}{\cos \frac{a+b}{2}}$$

$$\frac{\tan \frac{a-\beta}{2}}{\cot \frac{\gamma}{2}} = \frac{\sin \frac{a-b}{2}}{\sin \frac{a+b}{2}}$$

| Delambre-Gaußsche Gleichungen | $\dfrac{\sin\frac{a+b}{2}}{\sin\frac{c}{2}} = \dfrac{\cos\frac{\alpha-\beta}{2}}{\sin\frac{\gamma}{2}}$ |

$$\frac{\sin\frac{a-b}{2}}{\sin\frac{c}{2}} = \frac{\sin\frac{\alpha-\beta}{2}}{\cos\frac{\gamma}{2}}$$

$$\frac{\cos\frac{a+b}{2}}{\cos\frac{c}{2}} = \frac{\cos\frac{\alpha+\beta}{2}}{\sin\frac{\gamma}{2}}$$

$$\frac{\cos\frac{a-b}{2}}{\cos\frac{c}{2}} = \frac{\sin\frac{\alpha+\beta}{2}}{\cos\frac{\gamma}{2}}$$

Halbwinkelsatz
$$\tan\frac{\alpha}{2} = \sqrt{\frac{\sin(s-b)\cdot\sin(s-c)}{\sin s\cdot\sin(s-a)}}; \quad s = \frac{a+b+c}{2}$$

Halbseitensatz
$$\tan\frac{a}{2} = \sqrt{-\frac{\cos\sigma\cdot\cos(\sigma-\alpha)}{\cos(\sigma-\beta)\cos(\sigma-\gamma)}}; \quad \sigma = \frac{\alpha+\beta+\gamma}{2}$$
$$= \frac{\cos(\sigma-\alpha)}{\cot r}$$

Sphärischer Radius des Umkreises
$$\cot r = \sqrt{-\frac{\cos(\sigma-\alpha)\cdot\cos(\sigma-\beta)\cdot\cos(\sigma-\gamma)}{\cos\sigma}}$$

Sphärischer Radius des Inkreises
$$\tan\varrho = \sqrt{\frac{\sin(s-a)\cdot\sin(s-b)\cdot\sin(s-c)}{\sin s}}$$

Simon l'Huiliersche Formel
$$\tan\frac{\varepsilon}{4} = \sqrt{\tan\frac{s}{2}\cdot\tan\frac{s-a}{2}\cdot\tan\frac{s-b}{2}\cdot\tan\frac{s-c}{2}}$$

Sphärische Höhen
$$\sin h_a = \sin c\cdot\sin\beta = \sin b\cdot\sin\gamma$$

Analytische Geometrie

92. Koordinaten-Transformation

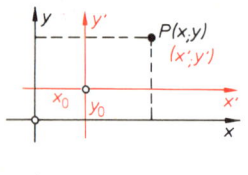

Parallelverschiebung

$$x' = x - x_0 \qquad x = x' + x_0$$
$$y' = y - y_0 \qquad y = y' + y_0$$

Drehung um den Koordinatenursprung

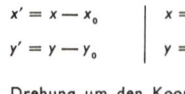

$$x' = x\cos\alpha + y\sin\alpha$$
$$y' = -x\sin\alpha + y\cos\alpha$$
$$x = x'\cos\alpha - y'\sin\alpha$$
$$y = x'\sin\alpha + y'\cos\alpha$$

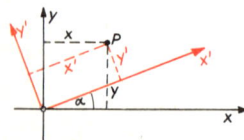

Entfernung zweier Punkte

$$\overline{P_1 P_2} = \sqrt{(x_2 - x_1)^2 + (y_2 - y_1)^2}$$

Mitte von $\overline{P_1 P_2}$

$$x_m = \frac{x_1 + x_2}{2} \; ; \; y_m = \frac{y_1 + y_2}{2}$$

Koordinaten des Teilpunktes $P(x_p, y_p)$
einer Strecke $\overline{P_1 P_2}$, wenn
$\overline{P_1 P} : \overline{PP_2} = m : n = K$
Innerer Teilpunkt $K > 0$
Äußerer Teilpunkt $K < 0$

$$x_p = \frac{m x_2 + n x_1}{m + n} = \frac{x_1 + K x_2}{1 + K}$$

$$y_p = \frac{m y_2 + n y_1}{m + n} = \frac{y_1 + K y_2}{1 + K}$$

Die vier harmonischen Punkte

$$P_1 \, (x_1; y_1); \quad P_2 \, (x_2; y_2)$$

$$P_3 \left(\frac{x_1 + K x_2}{1 + K} ; \frac{y_1 + K y_2}{1 + K} \right)$$

$$P_4 \left(\frac{x_1 - K x_2}{1 - K} ; \frac{y_1 - K y_2}{1 - K} \right)$$

α: Neigungswinkel von $\overline{P_1 P_2}$
m: Steigung (Richtungsfaktor)

$$m = \tan \alpha = \frac{y_2 - y_1}{x_2 - x_1}$$

Flächeninhalt A vom Dreieck $P_1 P_2 P_3$

$$A = \frac{1}{2} \cdot \begin{vmatrix} x_1 & y_1 & 1 \\ x_2 & y_2 & 1 \\ x_3 & y_3 & 1 \end{vmatrix}$$

$$= \frac{1}{2} [x_1(y_2 - y_3) + x_2(y_3 - y_1) + x_3(y_1 - y_2)]$$

Schwerpunkt $S \, (x_S; y_S)$

$$x_S = \frac{x_1 + x_2 + x_3}{3}; \quad y_S = \frac{y_1 + y_2 + y_3}{3}$$

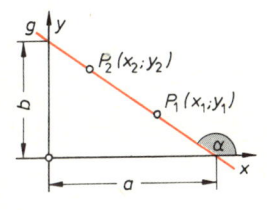

$y = mx + b$ Normalform

$\dfrac{x}{a} + \dfrac{y}{b} = 1$ Abschnittsform

$(y - y_1) = m(x - x_1)$ Punkt-Steigungs-Form

$\dfrac{y - y_1}{x - x_1} = \dfrac{y_2 - y_1}{x_2 - x_1}$ 2-Punkte-Form

$Ax + By + C = 0$ Allgemeine Gleichung

$x \cos \beta + y \sin \beta - p = 0$ Hesse-Form

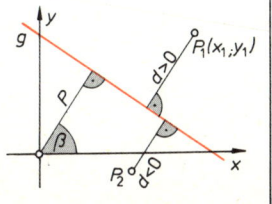

$$x \frac{A}{\pm \sqrt{A^2 + B^2}} + y \frac{B}{\pm \sqrt{A^2 + B^2}} - \frac{C}{\pm \sqrt{A^2 + B^2}} = 0$$

$$d = x_1 \cos \beta + y_1 \sin \beta - p = \frac{Ax_1 + By_1 + C}{\sqrt{A^2 + B^2}}$$

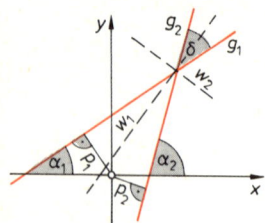

| Umformung von $y = mx + b$ in die Hesse-Form. Die Nennerwurzel erhält das gleiche Vorzeichen wie b. | $\dfrac{-m}{\sqrt{1+m^2}}\cdot x + \dfrac{1}{\sqrt{1+m^2}}\cdot y - \dfrac{b}{\sqrt{1+m^2}} = \dfrac{y-mx-b}{\sqrt{1+m^2}} = 0$ |

$\tan \delta = \dfrac{m_2 - m_1}{1 + m_1\cdot m_2}$ Schnittwinkel von g_1 und g_2

$m_1 = -\dfrac{1}{m_2}$ $g_1 \perp g_2$

$m_1 = m_2$ $g_1 \parallel g_2$

Winkelhalbierende
(w_1 halbiert den Winkelraum, in dem der Ursprung O liegt)

$w_1 \equiv x(\cos\varphi_1 - \cos\varphi_2) + y(\sin\varphi_1 - \sin\varphi_2) - (p_1 - p_2) = 0$

$w_2 \equiv x(\cos\varphi_1 + \cos\varphi_2) + y(\sin\varphi_1 + \sin\varphi_2) - (p_1 + p_2) = 0$

---

94. **Kreis**

Mittelpunktskreis

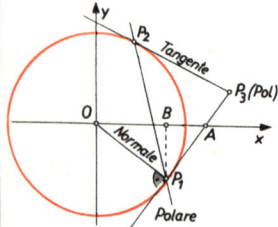

$x^2 + y^2 = r^2$ Kreisgleichung

$y = \pm\sqrt{r^2 - x^2}$ Entwickelte Form

$xx_1 + yy_1 = r^2$ Tangente

$m_t = -\dfrac{x_1}{y_1}$ Richtungsfaktor der Tangente

$xx_3 + yy_3 = r^2$ Polare $\overline{P_1 P_3}$ (Berührungssehne)

$Y = \dfrac{y_1}{x_1}x$ Normale $\overline{OP_1}$

$T = \dfrac{y_1}{x_1}r$ Tangentenlänge $\overline{P_1 A}$

$S_T = \dfrac{y_1{}^2}{x_1}$ Subtangentenlänge $\overline{BA}$

Allgemeiner Kreis

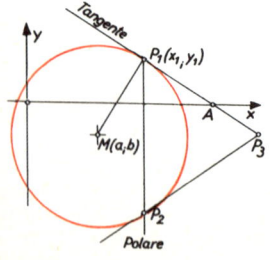

$(x-a)^2 + (y-b)^2 = r^2$ Kreisgleichung

$y = b \pm\sqrt{r^2 - (x-a)^2}$ Entwickelte Form

$(x-a)(x_1-a) + (y-b)(y_1-b) = r^2$ Tangente

$m = -\dfrac{x_1 - a}{y_1 - b}$ Richtungsfaktor

$y - y_1 = \dfrac{y_1 - b}{x_1 - a}(x - x_1)$ Normale $\overline{MP_1}$

$(x-a)(x_3-a) + (y-b)(y_3-b) = r^2$ Polare

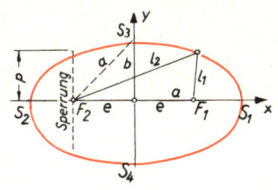

F_1 und F_2 : Brennpunkte

$2p$: Para**meter** (Sperrung)

$a = \overline{OS_1} = \overline{OS_2}$: Halbachse

$b = \overline{OS_3} = \overline{OS_4}$: Halbachse

$\overline{S_1 S_2} = 2a$: Hauptscheitel

$\overline{S_3 S_4} = 2b$: Nebenscheitel

$\overline{F_1 P} = l_1$: Brennstrahl

$\overline{F_2 P} = l_2$: Brennstrahl

$\overline{OF_1} = \overline{OF_2} = e$: lineare Exzentrizität

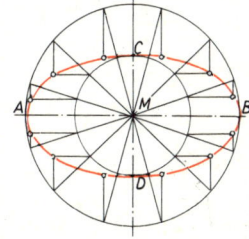

Konstruktion: Zeichne zwei Kreise mit den Radien a und b. Jeder Radius schneidet beide Kreise in zwei Punkten. Die Parallelen durch diese Schnittpunkte zu den Achsen schneiden sich in einem Ellipsenpunkt.

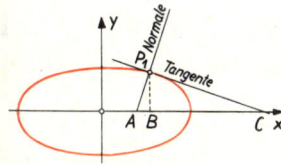

$\overline{P_1 C} = T$: Tangentenlänge

$\overline{AP_1} = N$: Länge der Normalen

$\overline{BC} = S_T$: Länge der Subtangente

$\overline{AB} = S_N$: Länge der Subnormalen

$\dfrac{x^2}{a^2} + \dfrac{y^2}{b^2} = 1$ Mittelpunktsgleichung

$y = \pm \dfrac{b}{a} \sqrt{a^2 - x^2}$ Entwickelte Form

$y^2 = 2\,px - \dfrac{p}{a}\,x^2$ Scheitelgleichung $M(a; 0)$

$\dfrac{xx_1}{a^2} + \dfrac{yy_1}{b^2} = 1$ Tangente in P_1, Polare mit Pol P_1

$y = mx \pm \sqrt{m^2 a^2 + b^2}$ Tangente mit Richtung m

Die Gerade $y = mx + c$ ist

Sekante, wenn $a^2 m^2 + b^2 - c^2 > 0$

Tangente, wenn $a^2 m^2 + b^2 - c^2 = 0$

Passante, wenn $a^2 m^2 + b^2 - c^2 < 0$

$\dfrac{y - y_1}{x - x_1} = \dfrac{a^2 y_1}{b^2 x_1}$ Normale

$2p = \dfrac{2b^2}{a}$ Sperrung (Parameter)

$m_1 \cdot m_2 = -\dfrac{b^2}{a^2}$ Steigungsmaße m_1 und m_2 Konjugierter Durchmesser

$m = -\dfrac{b^2 x_1}{a^2 y_1}$ Steigung an P_1

$\varepsilon = \dfrac{e}{a} = \dfrac{\sqrt{a^2 - b^2}}{a} < 1$ Numerische Exzentrizität

$e = \sqrt{a^2 - b^2}$ Lineare Exzentrizität

$l_1 = a - \varepsilon x$ Brennstrahlen

$l_2 = a + \varepsilon x$ zum Punkt $P(x; y)$

$2a = l_1 + l_2$ Bildungsgesetz

$\varrho = \dfrac{1}{a^4 b^4} \sqrt{(a^4 y_1^2 + b^4 x_1^2)^3}$ Krümmungsradius

$r_a = \dfrac{b^2}{a}$ Hauptscheitelradius

$r_b = \dfrac{a^2}{b}$ Nebenscheitelradius

$T = \dfrac{y_1}{bx_1} \sqrt{a^4 - e^2 x_1^2}$ Tangente

$N = \dfrac{b}{a^2} \sqrt{a^4 - e^2 x_1^2}$ Normale

$S_T = \dfrac{a^2 - x_1^2}{x_1}$ Subtangente

$S_N = \dfrac{b^2 x_1}{a^2}$ Subnormale

$A = ab\pi$ Fläche der Ellipse

$\dfrac{(x - c)^2}{a^2} + \dfrac{(y - d)^2}{b^2} = 1$ Ellipsengleichung; $M(c, d)$

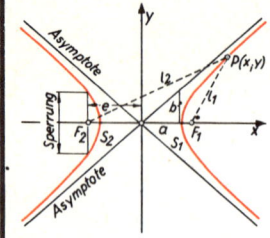

F_1 und F_2: Brennpunkte
$2p$: Sperrung (Parameter)
$a = \overline{OS_1} = \overline{OS_2}$: Halbachse
b: Halbachse
S_1 und S_2: Scheitel
$\overline{S_1 S_2} = 2a$
$e = \overline{OF_1} = \overline{OF_2}$: lineare Exzentri-
zität
$l_1 = \overline{F_1 P}$: Brennstrahl
$l_2 = \overline{F_2 P}$: Brennstrahl

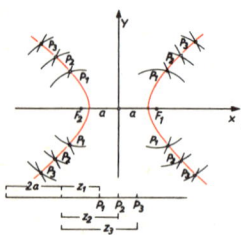

Konstruktion: Zeichne um $F_1(F_2)$ mit den beliebigen Radien z_1, z_2, z_3,... Kreisbögen. Diese Kreisbögen werden von Kreisbögen mit $2a + z_1$, $2a + z_2$, ... um F_2 (F_1) in den Hyperbelpunkten P_1, P_2, P_3,... geschnitten.

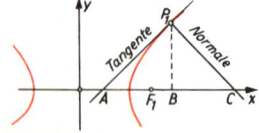

$\overline{AP_1} = T$: Tangentenlänge
$\overline{CP_1} = N$: Länge der Normalen
$\overline{AB} = S_T$: Länge der Subtangente
$\overline{BC} = S_N$: Länge der Subnormalen

$\dfrac{x^2}{a^2} - \dfrac{y^2}{b^2} = 1$ Mittelpunktsgleichung
($a = b$: gleichseitige Hyperbel)

$y = \pm \dfrac{b}{a} \cdot \sqrt{x^2 - a^2}$ Entwickelte Form

$y^2 = 2px + \dfrac{p}{a} x^2$ Scheitelgleichung; $M(-a; 0)$

$\dfrac{(x - c)^2}{a^2} - \dfrac{(y - d)^2}{b^2} = 1$ Allgemeine Hyperbelgleichung; $M(c; d)$

$y = \pm \dfrac{b}{a} x$ Asymptoten

$\dfrac{x x_1}{a^2} - \dfrac{y y_1}{b^2} = 1$ Tangente in P_1
Polare mit Pol P_1

$y = mx \pm \sqrt{m^2 a^2 - b^2}$ Tangente mit Richtung m

$m = \dfrac{b^2 x_1}{a^2 y_1}$ Steigung der Tangente in P_1

$\dfrac{y - y_1}{x - x_1} = -\dfrac{a^2 y_1}{b^2 x_1}$ Normale

Die Gerade $y = mx + c$ ist

Sekante, wenn $a^2 m^2 - b^2 - c^2 > 0$

Tangente, wenn $a^2 m^2 - b^2 - c^2 = 0$

Passante, wenn $a^2 m^2 - b^2 - c^2 < 0$

$2p = \dfrac{2b^2}{a}$ Sperrung (Parameter)

$m_1 \cdot m_2 = \dfrac{b^2}{a^2}$ Konjugierte Durchmesser

$e = \sqrt{a^2 + b^2}$ Lineare Exzentrizität

$\varepsilon = \dfrac{e}{a} = \dfrac{\sqrt{a^2 + b^2}}{a} > 1$ Numerische Exzentrizität

$\begin{aligned} l_1 &= \varepsilon x - a \\ l_2 &= \varepsilon x + a \end{aligned}$ Brennstrahlen zum Punkt $P(x; y)$

$2a = l_2 - l_1$ Bildungsgesetz

$\varrho = \dfrac{1}{a^4 b^4} \sqrt{(a^4 y_1^2 + b^4 x_1^2)^3}$ Krümmungsradius

$r = \dfrac{b^2}{a} = p$ Krümmungsradius für den Scheitel

$T = \dfrac{y_1}{b x_1} \sqrt{-a^4 + e^2 x_1^2}$ Tangente

$N = \dfrac{b}{a^2} \sqrt{-a^4 + e^2 x_1^2}$ Normale

$S_T = \dfrac{x_1^2 - a^2}{x_1}$ Subtangente

$S_N = \dfrac{b^2 x_1}{a^2}$ Subnormale

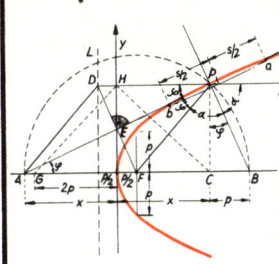

$y^2 = 2\,px$ Scheitelgleichung

$(y - b)^2 = 2p(x - a)$ Allgemeine Parabelgleichung
$M\,(a; b)$

$yy_1 = p(x + x_1)$ Tangente in P_1, Polare mit Pol P_1

$y = mx + \dfrac{p}{2m}$ Tangente mit Richtung m

$m = \dfrac{p}{y_1}$ Steigung der Tangente in P_1

$\dfrac{y - y_1}{x - x_1} = -\dfrac{y_1}{p}$ Normale

Die Gerade $y = mx + c$ ist

$\left.\begin{array}{l}\text{Sekante, wenn}\quad p > 2\,mc \\ \text{Tangente, wenn}\quad p = 2\,mc \\ \text{Passante, wenn}\quad p < 2\,mc\end{array}\right\}$ und $p > 0$

$= \dfrac{1}{2}\,p + x$ Brennstrahllänge

$\varepsilon = 1$ Numerische Exzentrizität

$\varrho = \dfrac{\sqrt{(y_1^2 + p^2)^3}}{p^2}$ Krümmungsradius

$r = p$ Krümmungsradius für den Scheitel

$T = \sqrt{2x_1\,(2x_1 + p)}$ Tangente

$N = \sqrt{p\,(2x_1 + p)}$ Normale

$S_T = 2x_1$ Subtangente

$S_N = p$ Subnormale

$F = \dfrac{4}{3}\,x_1 y_1$ Parabelsegment; Sehne $\perp$ zur x-Achse

$F = \dfrac{(y_1 - y_2)^3}{12\,p}$ Parabelsegment; Sehne beliebig $(P_1; P_2)$

$F:$ Brennpunkt

$L:$ Leitgerade

$\overline{PK}:$ Durchmesser (halbiert alle Sehnen $\overline{ab}$, die der Tangente parallel sind)

$2p:$ Parameter (Sperrung)

$\overline{PF} = \overline{PD}:$ Brennstrahlen

$\overline{FE} = \overline{ED}$ und $\overline{OE} = \overline{EH}$

$\overline{AP} = T:$ Tangentenlänge

$\overline{PB} = N:$ Länge der Normalen

$\overline{AC} = S_T:$ Länge der Subtangente

$\overline{CB} = S_N:$ Länge der Subnormalen

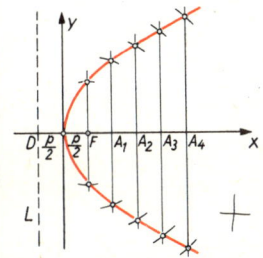

Konstruktion: Zeichne durch F, A_1, A_2, A_3, A_4,... Parallelen zur Leitgeraden L. Diese Parallelen werden durch Kreisbögen um F mit $\overline{DF}$, $\overline{DA_1}$, $\overline{DA_2}$, $\overline{DA_3}$, $\overline{DA_4}$ ... in Parabelpunkten geschnitten.

Scheitel- und Polargleichung

Scheitelgleichung
  $\varepsilon < 1$ Ellipse
  $\varepsilon = 1$ Parabel
  $\varepsilon > 1$ Hyperbel

$$y^2 = 2\ px - (1 - \varepsilon^2)x^2$$

Polargleichung
Gültigkeit: Ellipse $F(-e; 0)$
  Hyperbel $F(+e; 0)$
  Parabel $\varepsilon = 1$

$$r = \frac{p}{1 - \varepsilon \cos \varphi}; \qquad p = \frac{b^2}{a}$$

$$r = \frac{-p}{1 + \varepsilon \cos \varphi} \quad \text{für den zweiten Hyperbelast}$$

Numerische Exzentrizität

$$\varepsilon = \frac{e}{a}; \qquad \begin{array}{l} \varepsilon < 1 \text{ Ellipse} \\ \varepsilon = 1 \text{ Parabel} \\ \varepsilon > 1 \text{ Hyperbel} \end{array}$$

Allgemeine Gleichung zweiten Grades

$B^2 - 4\ AC < 0$ Ellipse
$B^2 - 4\ AC = 0$ Parabel
$B^2 - 4\ AC > 0$ Hyperbel
(von Entartungen abgesehen)

$$Ax^2 + Bxy + Cy^2 + Dx + Ey + F = 0$$

Richtungswinkel einer der Hauptachsen

$$\tan 2\alpha = \frac{B}{A - C}$$

Weitere Kurvengleichungen

Kubische Parabel

$$y = ax^3$$

Neilsche (semikubische) Parabel

$$y^2 = ax^3$$

Strophoide
Doppelpunkt $(0; 0)$
Schleifenlänge $= a$

$$y^2 (a + x) = x^2 (a - x); \qquad r = a\ \frac{\cos 2\alpha}{\cos \alpha}$$

Lemniskate

$$(x^2 + y^2)^2 = a^2(x^2 - y^2); \qquad r^2(r^2 - a^2 \cos 2\alpha) =$$

Zissoide
Spitze $(0; 0)$

$$y^2 (a - x) = x^3; \qquad r = \frac{a \sin^2 \alpha}{\cos \alpha}$$

Konchoide (Muschellinie)

$$x^2y^2 = (a^2 - y^2)(b + y)^2; \qquad r = a + \frac{b}{\cos \alpha}$$

Kardioide

$$(x^2 + y^2 - ax)^2 = a^2(x^2 + y^2); \qquad r = a\ (1 + \cos \alpha)$$

Blatt des Cartesius
Doppelpunkt $(0; 0)$

$$x^3 + y^3 = 3axy$$

Pascalsche Schnecke

$$(x^2 + y^2 - ax)^2 = b^2(x^2 + y^2); \qquad r = b + a \cos \alpha$$

Vierblättriges Kleeblatt	$(x^2 + y^2)^3 = a^2 x^2 y^2;$ $\quad r = \dfrac{a}{2} \sin 2\alpha$
Kettenlinie	$y = \dfrac{a}{2} \left(e^{\frac{x}{a}} + e^{-\frac{x}{a}} \right)$
Logarithmische Spirale	$r = m\, e^{\frac{a}{a}}$
Archimedische Spirale	$r = a\,\alpha$
Hyperbolische Spirale	$r = \dfrac{a}{\alpha}$
Parabolische Spirale	$r^2 = 2\,p\,\alpha$
Zykloide	$x = a\,(t - \sin\, t);$ $\quad y = a\,(1 - \cos\, t)$
Epizykloide	$x = a\,[m\,\cos\, t - \cos\,(mt)]$
	$y = a\,[m\,\sin\, t - \sin\,(mt)]$
Hypozykloide	$x = a\,[m\,\cos\, t + \cos\,(mt)]$
	$y = a\,[m\,\sin\, t - \sin\,(mt)]$
Astroide	$x = a\,\cos^3 t;$ $\quad y = a\,\sin^3 t$
	$x = a\,(\cos\, t + t\,\sin\, t)$
Kreisevolvente	$y = a\,(\sin\, t - t\,\cos\, t)$

Differentialrechnung

Differenzenquotient	$\dfrac{\Delta y}{\Delta x} = \dfrac{f(x + \Delta x) - f(x)}{\Delta x}$	
Differentialquotient	$\dfrac{dy}{dx} = y' = \lim\limits_{\Delta x \to 0} \dfrac{f(x + \Delta x) - f(x)}{\Delta x} = f'(x)$	
Produktenregel	$y = u(x) \cdot v(x)$	$y' = u'v + v'u$
Quotientenregel	$y = \dfrac{u(x)}{v(x)}$	$y' = \dfrac{u'v - v'u}{v^2}$
Kettenregel	$y = f(z)$ $= f[\varphi(x)]$	$y' = f'(z) \cdot \varphi'(x)$ $= \dfrac{dy}{dz} \cdot \dfrac{dz}{dx}$
Umkehrfunktion	$x = \varphi(y)$	$y' = \dfrac{1}{\varphi'(y)}$

Unentwickelte Funktion	$f(x, y) = 0$	$y' = -\dfrac{\dfrac{\partial f}{\partial x}}{\dfrac{\partial f}{\partial y}} = -\dfrac{f'(x)}{f'(y)}$	
	$f(x) = \psi(y)$	$f'(x)dx = \psi'(y)dy$	
Parameter-Darstellung	$x = \varphi(t)$ $y = \psi(t)$	$y' = \dfrac{\psi'(t)}{\varphi'(t)} = \dfrac{\dot{y}}{\dot{x}}$	
		$y'' = \dfrac{\varphi' \, \psi'' - \psi' \, \varphi''}{(\varphi')^3}$	
Polarkoordinaten	$r = r(\varphi)$	$r' = \dfrac{dr}{d\varphi}$	
	$x = r \cos \varphi$ $y = r \sin \varphi$	$y' = \dfrac{r' \sin \varphi + r \cos \varphi}{r' \cos \varphi - r \sin \varphi}$	
		$y'' = \dfrac{r^2 + 2r'^2 - rr'}{(r' \cos \varphi - r \sin \varphi)^3}$	

100. Ableitungen elementarer Funktionen

y	y'	y	y'
c	0	x^x	$x^x (1 + \ln x)$
$a\,x^n$	$n\,a\,x^{n-1}$	$\ln \dfrac{1+x}{1-x}$	$\dfrac{2}{1-x^2}$
$(a + bx)^n$	$n\,b(a + bx)^{n-1}$	$\sin x$	$\cos x$
$\sqrt{a^2 - x^2}$	$-\dfrac{x}{\sqrt{a^2 - x^2}}$	$\sin ax$	$a \cos ax$
$\sqrt{a^2 + bx + x^2}$	$\dfrac{b + 2x}{2\sqrt{a^2 + bx + x^2}}$	$\cos x$	$-\sin x$
$\dfrac{1}{x}\sqrt{a^2 - x^2}$	$-\dfrac{a^2}{x^2\sqrt{a^2 - x^2}}$	$\sin^n x$	$n \sin^{n-1} x \cdot \cos x$
$\dfrac{a - x^n}{a + x^n}$	$-\dfrac{2\,a\,n\,x^{n-1}}{(a + x^n)^2}$	$\sin(\omega x + \varphi)$	$\omega \cdot \cos(\omega x + \varphi)$
		$x \cdot \sin ax$	$ax \cdot \cos ax + \sin ax$
$\log_a x$	$\dfrac{1}{x \ln a}$	$\tan x$	$\dfrac{1}{\cos^2 x} = 1 + \tan^2 x$
$\ln x$	$\dfrac{1}{x}$	$\cot x$	$\dfrac{-1}{\sin^2 x}$
a^x	$a^x \ln a$	$\arcsin x$	$\dfrac{1}{\sqrt{1 - x^2}}$
e^x	e^x	$\arccos x$	$\dfrac{-1}{\sqrt{1 - x^2}}$
e^{ax}	$a\,e^{ax}$	$\arctan x$	$\dfrac{1}{1 + x^2}$
$e^x \cdot x^n$	$e^x x^{n-1}(n + x)$	$\text{arc cot } x$	$\dfrac{-1}{1 + x^2}$

Extremwerte für	$y = f(x)$
Maximum	$f'(x) = 0$ und $f''(x) < 0$
Minimum	$f'(x) = 0$ und $f''(x) > 0$
Wendepunkte	$f''(x) = 0$ und $f'''(x) \neq 0$

Radius des Krümmungskreises

$$\varrho = \pm \frac{(1 + y'^2)^{\frac{3}{2}}}{y''}$$

Mittelpunkt $M(a; b)$

$$x_a = x - \frac{y'(1 + y'^2)}{y''} \qquad x_b = y + \frac{1 + y'^2}{y''}$$

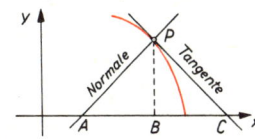

$$T = \frac{y}{y'} \sqrt{1 + y'^2} \qquad \text{Tangente}$$

$$N = y \sqrt{1 + y'^2} \qquad \text{Normale}$$

$\overline{PC} = T$: Tangentenlänge

$\overline{PA} = N$: Länge der Normalen

$\overline{BC} = S_T$: Länge der Subtangente

$$S_T = \frac{y}{y'} \qquad \text{Subtangente}$$

$\overline{AB} = S_N$: Länge der Sub-normalen

$$S_N = y \cdot y' \qquad \text{Subnormale}$$

Integralrechnung

Unbestimmtes Integral	$\int f'(x) \, dx = f(x) + C$ (C Integrationskonstante)
Linearität	$\int a \cdot f(x) \, dx = a \cdot \int f(x) \, dx$
Integration einer Summe	$\int (f(x) \pm g(x)) \, dx = \int f(x) \, dx \pm \int g(x) \, dx$
Produktintegration (partielle Integration)	$\int f(x) \cdot g'(x) \, dx = f(x) \cdot g(x) - \int f'(x) \cdot g(x) \, dx$
Integration durch Substitution	$\int f(x) \, dx = \int f[\varphi(z)] \cdot \varphi'(z) \, dz$
Logarithmische Integration	$\int \frac{f'(x)}{f(x)} \, dx = \ln [f(x)] + C$
	$\int f(x) \cdot f'(x) \, dx = \frac{[f(x)]^2}{2} + C$
Bestimmtes Integral	$\int\limits_a^b f(x) \, dx = -\int\limits_b^a f(x) \, dx$
	$\int\limits_a^b f(x) \, dx = F(b) - F(a)$
	$\int\limits_a^b f(x) \, dx = \int\limits_a^c f(x) \, dx + \int\limits_c^b f(x) \, dx$

$f(x)$	$\int f(x)\, dx$	$f(x)$	$\int f(x)\, dx$
dx	x	$\sin x$	$-\cos x$
a	ax	$\cos x$	$\sin x$
$x^n\ (n \neq -1)$	$\dfrac{x^{n+1}}{n+1}$	$\tan x$	$-\ln \cos x$
$\dfrac{1}{x}$	$\ln x$	$\cot x$	$\ln \sin x$
a^x	$\dfrac{a^x}{\ln a}$	$\dfrac{1}{\sin x}$	$\ln \tan \dfrac{x}{2}$
e^x	e^x	$\dfrac{1}{\cos x}$	$\ln \tan \left(\dfrac{\pi}{4} + \dfrac{x}{2}\right)$
e^{mx}	$\dfrac{e^{mx}}{m}$	$\dfrac{1}{1+\sin x}$	$-\tan \left(\dfrac{\pi}{4} - \dfrac{x}{2}\right)$
$(ax+b)^n$	$\dfrac{(ax+b)^{n+1}}{a(n+1)}$	$\dfrac{1}{1-\sin x}$	$\tan \left(\dfrac{\pi}{4} + \dfrac{x}{2}\right)$
$\dfrac{1}{(ax+b)^2}$	$-\dfrac{1}{a(ax+b)}$	$\dfrac{1}{1+\cos x}$	$\tan \dfrac{x}{2}$
$\dfrac{1}{ax+b}$	$\dfrac{1}{a}\ln (ax+b)$	$\dfrac{1}{1-\cos x}$	$-\cot \dfrac{x}{2}$
$\dfrac{1}{\sqrt{a^2-x^2}}$	$\arcsin \dfrac{x}{a}$	$\dfrac{1}{\sin^2 x}$	$-\cot x$
$\dfrac{1}{\sqrt{x^2 \pm a^2}}$	$\ln \left(x + \sqrt{x^2 \pm a^2}\right)$	$\dfrac{1}{\cos^2 x}$	$\tan x$
$\dfrac{x}{\sqrt{a^2-x^2}}$	$-\sqrt{a^2-x^2}$	$\dfrac{\sin x}{\cos^2 x}$	$\dfrac{1}{\cos x}$
$\dfrac{x}{\sqrt{x^2 \pm a^2}}$	$\sqrt{x^2 \pm a^2}$	$\dfrac{\cos x}{\sin^2 x}$	$-\dfrac{1}{\sin x}$
$\sqrt{ax+b}$	$\dfrac{2}{3a}\left(\sqrt{ax+b}\right)^3$	$\sin x \cdot \cos x$	$\dfrac{1}{2}\sin^2 x$
		$\dfrac{1}{\sin x \cdot \cos x}$	$\ln \tan x$
$\sqrt{a^2-x^2}$	$\dfrac{x}{2}\sqrt{a^2-x^2} + \dfrac{a^2}{2}\arcsin \dfrac{x}{a}$	$\sin^2 x$	$\dfrac{1}{2}(x - \sin x \cos x)$
$\sqrt{x^2 \pm a^2}$	$\dfrac{x}{2}\sqrt{x^2 \pm a^2} \pm$ $\dfrac{a^2}{2}\ln \left(x + \sqrt{x^2 \pm a^2}\right)$	$\cos^2 x$	$\dfrac{1}{2}(x + \sin x \cos x)$
		$\sin^n x \cos x$	$\dfrac{\sin^{n+1} x}{n+1}$

$f(x)$	$\int f(x)\,dx$	$f(x)$	$\int f(x)\,dx$
$\sin mx \cdot \cos nx$	$-\dfrac{\cos(m+n)x}{2(m+n)} - \dfrac{\cos(m-n)x}{2(m-n)}$	$\sinh x$	$\cosh x$
		$\cosh x$	$\sinh x$
$\sin mx \cdot \sin nx$	$\dfrac{\sin(m-n)x}{2(m-n)} - \dfrac{\sin(m+n)x}{2(m+n)}$	$\tanh x$	$\ln \cosh x$
		$\coth x$	$\ln \sinh x$
$\cos mx \cdot \cos nx$	$\dfrac{\sin(m-n)x}{2(m-n)} + \dfrac{\sin(m+n)x}{2(m+n)}$	$\ln x$	$x(\ln x - 1)$
$\text{arc sin } x$	$x \cdot \text{arc sin } x + \sqrt{1-x^2}$	$\log_a x$	$\dfrac{x}{\ln a}(\ln x - 1)$
$\text{arc cos } x$	$x \cdot \text{arc cos } x - \sqrt{1-x^2}$		
$\text{arc tan } x$	$x \text{ arc tan } x - \dfrac{1}{2}\ln(1+x^2)$	$e^{ax}\sin bx$	$\dfrac{e^{ax}(a \sin bx - b \cos bx)}{a^2+b^2}$
$\text{arc cot } x$	$x \text{ arc cot } x + \dfrac{1}{2}\ln(1+x^2)$	$e^{ax}\cos bx$	$\dfrac{e^{ax}(a \cos bx + b \sin bx)}{a^2+b^2}$

Anwendungen   103.

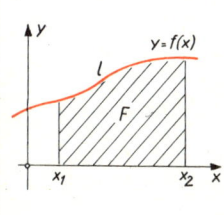
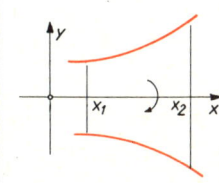
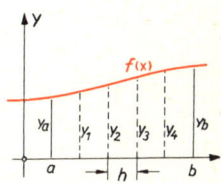

Flächeninhalt	$A = \displaystyle\int_{x_1}^{x_2} f(x)\,dx$	$= \dfrac{1}{2}\displaystyle\int_{\varphi_1}^{\varphi_2} r^2\,d\varphi$
Bogenlängen	$l = \displaystyle\int_{x_1}^{x_2}\sqrt{1+y'^2}\,dx$	$= f(x)$
Parameterdarstellung	$\displaystyle\int_{t_1}^{t_2}\sqrt{[\varphi'(t)]^2 + [\psi'(t)]^2}\,dt$	$x = \varphi(t)$ $y = \psi(t)$
Polarkoordinaten	$\displaystyle\int_{\varphi_1}^{\varphi_2}\sqrt{r^2 + [r'(\varphi)]^2}\,d\varphi$	$r = r(\varphi)$
Rotationskörper Volumen	$V = \pi\displaystyle\int_{x_1}^{x_2} y^2\,dx$	Drehung um x-Achse
Polarkoordinaten	$\dfrac{2}{3}\pi\displaystyle\int_{\varphi_1}^{\varphi_2} r^3 \cdot \sin\varphi \cdot d\varphi$	$r = r(\varphi)$
	$V = \pi\displaystyle\int_{y_1}^{y_2} x^2\,dy$	Drehung um y-Achse
Oberfläche	$O = 2\pi\displaystyle\int_{x_1}^{x_2} y\sqrt{1+y'^2}\,dx$	Drehung um x-Achse
Tangentenformel (Numerische Integration)	$F \approx 2\,h\,(y_1 + y_3 + y_5 + \ldots + y_{2m-1})$	

Stichwortverzeichnis

Mathematik für Schule und Beruf

Lothar Kusch
Fünfstellige Logarithmen und Zahlentafeln
4. Auflage 1976. IV und 110 Seiten.
Format 12 × 18 cm. ISBN 3-7736-2463-8. Fest gebunden
Inhalt: Logarithmentafeln (Briggssche Logarithmen und Logarithmen der trigonometrischen Funktionen). Natürliche Logarithmen. Zahlentafeln

Lothar Kusch
Algebra – Ausgabe A
4., überarbeitete Auflage 1979. 541 Seiten und eine 4seitige Beilage „Axiome".
Format 15,9 × 22,4 cm. ISBN 3-7736-2733-5. Kartoniert
Inhalt: Grundbegriffe der Mengenlehre. Aussagen und Aussageformen. Körper der rationalen Zahlen. Körper der reellen Zahlen. – Anhang: Das duale Zahlensystem. Logarithmentafel
Mit 730 durchgerechneten Aufgaben und Beispielen, über 5000 Übungsaufgaben und 330 Wiederholungsfragen.

Ergebnisse
107 Seiten. Format 16,2 × 22,8 cm. ISBN 3-7736-2738-6. Kartoniert

Lothar Kusch
Repetitorium der Algebra – Ausgabe A
1975. XVI und 222 Seiten und eine 12seitige Beilage „Mathematische Formeln", dreifarbig.
Format 14,8 × 21 cm. ISBN 3-7736-2910-9. Kartoniert
Inhalt: Rechenarten. Die Lehre von den Gleichungen und Ungleichungen. Reihenlehre
Das Buch enthält einen ausführlichen Übungsteil mit Lösungen.

Lothar Kusch
Repetitorium der Geometrie – Ausgabe A
1978. 302 Seiten und eine 16seitige Beilage „Zahlentafeln", zweifarbig.
Format 14,8 × 21 cm. ISBN 3-7736-2915-X. Kartoniert
Inhalt: Planimetrie. Grundbegriffe. Winkel. Symmetrie. Dreieck. Symmetrische Dreiecke. Geometrische Örter. Seiten und Winkel am Dreieck. Dreieckskonstruktionen. Hilfslinien im Dreieck. Viereck. Kreis. Flächeninhalt geradliniger Figuren. Streckenverhältnisse. Ähnlichkeit. Berechnung des Kreises. Stereometrie. Körperberechnung. Trigonometrie. Berechnung des rechtwinkligen Dreiecks. Berechnung des schiefwinkligen Dreiecks. Goniometrie

 Verlag W. Girardet · Postfach 10 13 65 · 4300 Essen 1

$y = mx + b$

$G_1 \perp G_2 \Rightarrow m_1 = \dfrac{-1}{m_2}$

Schnittpunkt $0 = mx + b$

$L_1 \cap L_2 \cup L_3 \cap L_4$